国家示范性高职院校工学结合系列教材

建筑电气工程量计算

(工程造价专业)

叶 萍 主编
袁建新 主审

中国建筑工业出版社

图书在版编目（CIP）数据

建筑电气工程量计算/叶萍主编．—北京：中国建筑工业出版社，2010
（国家示范性高职院校工学结合系列教材．工程造价专业）
ISBN 978-7-112-11851-9

Ⅰ．建… Ⅱ．叶… Ⅲ．房屋建筑设备：电气设备-建筑安装工程-工程造价-高等学校：技术学校-教材 Ⅳ．TU85

中国版本图书馆CIP数据核字（2010）第031898号

  本书是根据高等职业教育工程造价专业示范建设的需要而开设的课程。本教材的编写是以行动导向为依据，将建筑电气工程量的计算划分为16章。第1章对工程量计算相关知识作了一个简单的介绍，将工程量的计算依据不同分为定额工程量与清单工程量。第2章对建筑电气安装工程基础知识进行了描述，主要对与电气工程量计算有关的相关知识进行了讲解。第3章到第16章将建筑电气分为了14个组成部分：变配电装置、母线、绝缘子、控制、继电保护、蓄电池、动力、照明控制设备、电机及调相机、电缆、配管、配线、照明灯具、电梯电气装置、防雷及接地装置、10kV以下架空配电线路、电气调整试验、滑触线装置，对每一部分的工程量计算，根据计算规则依据不同细分为定额工程量与清单工程量，并对工程量的计算辅之以案例进行讲解。本书在附录中插入了大量的图片，目的在于将全国统一安装工程预算定额（2000）电气部分的主要定额项目包含的内容用图片的形式表达出来，同时对相应清单项目包含的内容进行了区别。通过本门课程的学习，让学生比较系统地把握建筑电气工程量的计算，对同一案例能够从定额工程量与清单工程量的计算两个方面进行把握。

* * *

责任编辑：朱首明　张　晶
责任设计：姜小莲
责任校对：王金珠　兰曼利

国家示范性高职院校工学结合系列教材
建筑电气工程量计算
（工程造价专业）
叶　萍　主编
袁建新　主审

*

中国建筑工业出版社出版、发行（北京西郊百万庄）
各地新华书店、建筑书店经销
北京红光制版公司制版
北京建筑工业印刷厂印刷

*

开本：787×1092毫米　1/16　印张：14　字数：346千字
2011年1月第一版　2011年4月第二次印刷
定价：**30.00**元
ISBN 978-7-112-11851-9
（19095）

版权所有　翻印必究
如有印装质量问题，可寄本社退换
（邮政编码100037）

序

2006年以来，高职教育随着"国家示范性高职院校建设计划"的启动进入了一个新的历史发展时期。在示范性高职建设中，教材建设是一个重要的环节。教材是体现教学内容和教学方法的知识载体，既是进行教学的具体工具，也是深化教育教学改革、全面推进素质教育、培养创新人才的重要保证。

四川建筑职业技术学院2007年被教育部、财政部列为国家示范性高等职业院校立项建设单位，经过两年的建设与发展，根据建筑技术领域和职业岗位（群）的任职要求，参照建筑行业职业资格标准，重构基于施工（工作）过程的课程体系和教学内容，推行"行动导向"教学模式，实现课程体系、教学内容和教学方法的革命性变革，实现课程体系与教学内容改革和人才培养模式的高度匹配。组编了建筑工程技术、工程造价、道路与桥梁工程、建筑装饰工程技术、建筑设备工程技术五个国家示范院校立项建设重点专业系列教材。该系列教材有以下几个特点：

——专业教学中有机融入《四川省建筑工程施工工艺标准》，实现教学内容与行业核心技术标准的同步。

——完善"双证书"制度，实现教学内容与职业标准的一致性。

——吸纳企业专家参与教材编写，将企业培训理念、企业文化、职业情境和"四新"知识直接融入教材，实现教材内容与生产实际的"无缝对接"，形成校企合作、工学结合的教材开发模式。

——按照国家精品课程的标准，采用校企合作、工学结合的课程建设模式，建成一批工学结合紧密，教学内容、教学模式、教学手段先进，教学资源丰富的专业核心课程。

本系列教材凝聚了四川建筑职业技术学院广大教师和许多企业专家的心血，体现了现代高职教育的内涵，是四川建筑职业技术学院国家示范院校建设的重要成果，必将对推进我国建筑类高等职业教育产生深远影响。但加强专业内涵建设、提高教学质量是一个永恒的主题，教学建设和改革是一个与时俱进的过程，教材建设也是一个吐故纳新的过程。衷心希望各用书学校及时反馈教材使用信息，提出宝贵意见，以帮助我们为本套教材的长远建设、修订完善做好充分准备。

衷心祝愿我国的高职教育事业欣欣向荣，蒸蒸日上。

四川建筑职业技术学院院长：李辉

2009年1月4日

前 言

《建筑电气工程量计算》是根据高等职业教育工程造价专业示范建设的需要而开设的课程。本教材的编写是以行动导向为依据，将建筑电气工程量的计算划分为16个学习情景，对每一学习情景工程量的计算又细分为定额工程量与清单工程量的计算，并对工程量的计算辅之以案例进行讲解。

本教材由四川建筑职业技术学院的叶萍、黄卓钦和四川兢诚工程造价咨询公司纪红编写，由四川建筑职业技术学院袁建新教授主审。其中，第1章、第2章由纪红编写，第3章～第13章及附录由叶萍编写，第14章～第16章由黄卓钦编写，在编写过程中征询了学校、企业、中介咨询机构等相关部门的专家意见，在教材中尽量体现建筑电气的相关工程量的计算。但由于一套图纸中不可能体现所有的内容，因此本教材按照2008《建设工程工程量清单计价规范》项目的划分分为了不同的学习情景，并对每一情景进行了举例。

本教材的主要特点是在学习工程量计算时将安装工艺知识融入进来，避免了学生在学习工程量计算时的枯燥和盲目，也让施工图显得更加生动。同时，通过附录中的各种图例解说，使同学们能够非常清楚地学习和掌握某一分项工程定额项目包含的内容以及定额项目与清单项目的联系。

由于编者水平有限，书中难免存在一些缺点和错误，敬请大家批评指正。

目录 CONTENTS

1 工程量计算相关知识 ········· 1
  1.1 定额工程量计算规则 ········· 1
  1.2 清单工程量计算规则 ········· 8

2 建筑电气安装工程基础知识 ········· 16
  2.1 电力系统 ········· 16
  2.2 低压配电系统 ········· 17
  2.3 配电导线 ········· 17
  2.4 变配电设备 ········· 20
  2.5 灯具 ········· 22

3 变配电装置工程量计算 ········· 24
  3.1 变配电装置定额工程量计算 ········· 25
  3.2 变配电装置清单工程量计算 ········· 26

4 母线、绝缘子工程量计算 ········· 31
  4.1 母线、绝缘子定额工程量计算 ········· 31
  4.2 母线、绝缘子清单工程量计算规则 ········· 33

5 控制、继电保护工程量计算 ········· 35
  5.1 控制、继电保护定额工程量计算 ········· 35
  5.2 控制、继电保护清单工程量计算 ········· 36

6 蓄电池工程量计算 ········· 41
  6.1 蓄电池定额工程量计算 ········· 41
  6.2 蓄电池清单工程量计算 ········· 41

7 动力、照明控制设备工程量计算 ……………………………………… 42
7.1 动力、照明控制设备定额工程量计算 ………………………………… 42
7.2 动力、照明控制设备清单工程量计算 ………………………………… 44
8 电机及调相机工程量计算 ………………………………………………… 45
8.1 电机及调相机定额工程量计算 ………………………………………… 45
8.2 电机及调相机清单工程量计算 ………………………………………… 46
9 电缆工程量计算 …………………………………………………………… 48
9.1 电缆定额工程量计算 …………………………………………………… 48
9.2 电缆清单工程量计算 …………………………………………………… 52
10 配管、配线工程量计算 …………………………………………………… 57
10.1 配管、配线定额工程量计算 …………………………………………… 57
10.2 配管、配线清单工程量计算 …………………………………………… 59
11 照明灯具工程量计算 ……………………………………………………… 64
11.1 照明灯具定额工程量计算 ……………………………………………… 64
11.2 照明灯具清单工程量计算 ……………………………………………… 66
12 电梯电气装置工程量计算 ………………………………………………… 69
12.1 电梯电气装置定额工程量计算 ………………………………………… 69
12.2 电梯电气装置清单工程量计算 ………………………………………… 70
13 防雷及接地装置工程量计算 ……………………………………………… 72
13.1 防雷及接地装置定额工程量计算 ……………………………………… 73
13.2 防雷及接地装置清单工程量计算 ……………………………………… 74
14 10kV 以下架空配电线路工程量计算 …………………………………… 77
14.1 10kV 以下架空配电线路定额工程量计算 …………………………… 77
14.2 10kV 以下架空配电线路清单工程量计算 …………………………… 78
15 电气调整试验工程量计算 ………………………………………………… 80
15.1 电气调整试验定额工程量计算 ………………………………………… 80
15.2 电气调整试验清单工程量计算 ………………………………………… 83
16 滑触线装置安装工程量计算 ……………………………………………… 85
16.1 滑触线装置安装定额工程量计算 ……………………………………… 85
16.2 滑触线装置安装清单工程量计算 ……………………………………… 85
附录 电气安装工程预算定额常用项目对照图示 ………………………… 86
参考文献 …………………………………………………………………… 218

1 工程量计算相关知识

关键知识点：工程量计算的相关知识，定额工程量的计算依据、计算方法，电气工程定额的组成及应用等，清单工程量的计算依据、计算方法，2008《建设工程工程量清单计价规范》的基本组成及应用等。

主要技能：熟练应用定额、熟练应用工程量清单计价规范。

教学建议：本课程作为工程造价专业学生主要专业课程的最后一门，在教学时应组织学生进行讨论，掌握定额工程量与清单工程量的作用、计算依据、计算方法，从而掌握二者的区别与联系。

工程量是指以自然计量单位或物理计量单位所表示各分项工程或结构、构件的实物数量。正确计算工程量是确定工程造价的一个重要环节，它直接影响着工程造价的金额，从而影响整个工程建设过程的造价确定与控制。同时，它是编制施工作业计划、合理安排施工进度，组织劳动力、材料和机械的重要依据，也是基本建设财务管理和会计核算的重要依据。

根据工程造价的计价方式不同——定额计价与清单计价，工程量分为定额工程量与清单工程量。定额工程量是依据相应定额的工程量计算规则来计算的，而清单工程量是依据清单计价规范来计算的。

1.1 定额工程量计算规则

1.1.1 全国统一安装工程预算定额

预算定额是指在正常的施工条件和合理劳动组织、合理使用材料及机械的条件下，完成单位合格产品所必须消耗资源的数量标准。这里消耗资源的数量标准是指消耗在组成安装工程基本构造要素上的劳动力、材料和机械台班数量的标准。

在安装工程中，预算定额中的单位产品就是工程基本构造要素，即组成安装工程的最小工程要素，也称"细目"或"子目"。

《全国统一安装工程预算定额》是完成规定计量单位的分项工程所需的人工、材料、施工机械台班的消耗量标准，是统一全国安装工程预算工程量计算规则、项目划分、计量单位的依据，是编制安装工程施工图预算的依据，也是编制概算定额、投资估算指标的基础。对于招标承包的工程，则是编制标底的基础；对于投标单位，也是确定报价的基础。因而定额的编制是一项严肃、科学的技术经济立法工作，应充分体现按社会平均必要劳动量来确定消耗的物化劳动和活劳动数量的原则。

1.1.2 《全国统一安装工程预算定额》的分类

《全国统一安装工程预算定额》（2000年）是由原建设部组织修订和批准执行的。《全国统一安装工程预算定额》共分十二册，包括：

第一册　机械设备安装工程　GYD—201—2000；
第二册　电气设备安装工程　GYD—202—2000；
第三册　热力设备安装工程　GYD—203—2000；
第四册　炉窑砌筑工程　GYD—204—2000；
第五册　静置设备与工艺金属结构制作安装工程 GYD—205—2000；
第六册　工业管道工程　GYD—206—2000；
第七册　消防及安全防范设备安装工程　GYD—207—2000；
第八册　给排水、采暖、燃气工程　GYD—208—2000；
第九册　通风空调工程　GYD—209—2000；
第十册　自动化控制仪表安装工程　GYD—210—2000；
第十一册　刷油、防腐蚀、绝热工程　GYD—211—2000；
第十二册　通信设备及线路工程　GYD—212—2000。

1.1.3 《全国统一安装工程预算定额》的编制依据

(1)《全国统一安装工程预算定额》是依据现行有关国家产品标准、设计规范、施工及验收规范、技术操作规范、质量评定标准和安全操作规程编制的，也参考了行业、地方标准，以及有代表的工程设计、施工资料和其他资料。

(2)《全国统一安装工程预算定额》是按目前国内大多数施工企业采用的施工方法、机械化装备程度、合理的工期、施工工艺和劳动组织条件编制的，除各章另有说明外，均不得因上述因素有差异而对定额进行调整或换算。

(3)《全国统一安装工程预算定额》是按下列正常的施工条件进行编制的。

1）设备、材料、成品、半成品、构件完整无损，符合质量标准和设计要求，附有合格证书和试验记录。

2）安装工程和土建工程之间的交叉作业正常。

3) 安装地点、建筑物、设备基础、预留孔洞等均符合安装要求。
4) 水、电供应均满足安装施工正常使用。
5) 正常的气候、地理条件和施工环境。

1.1.4 《全国统一安装工程预算定额》的结构组成

《全国统一安装工程预算定额》共分十二册，每册包括总说明、册说明、目录、章说明、定额项目表、附录。

(1) 总说明

总说明主要说明定额的内容、适用范围、编制依据、作用，定额中人工、材料、机械台班消耗量的确定及其有关规定。

(2) 册说明

主要介绍该册定额的适用范围、编制依据、定额包括的工作内容和不包括的工作内容、有关费用（如脚手架搭拆费、高层建筑增加费）的规定以及定额的使用方法和使用中应注意的事项和有关问题。

(3) 目录

开列定额组成项目名称和页次，以方便查找相关内容。

(4) 章说明

章说明主要说明定额章中以下几方面的问题：

1) 定额适用的范围；2) 界线的划分；3) 定额包括的内容和不包括的内容；4) 工程量计算规则和规定。

(5) 定额项目表

定额项目表是预算定额的主要内容，主要包括以下内容：

1) 分项工程的工作内容（一般列入项目表的表头）；2) 一个计量单位的分项工程人工、材料、机械台班消耗量；3) 一个计量单位的分项工程人工、材料、机械台班单价；4) 分项工程人工、材料、机械台班基价。表1-1是《全国统一安装工程预算定额》第八册《给排水、采暖、燃气工程》第一章《管道安装》中室内管道安装其中的一部分定额项目表的内容。

(6) 附录

附录放在每册定额表之后，为使用定额提供参考数据。主要内容包括以下几个方面：

1) 工程量计算方法及有关规定；2) 材料、构件、元件等重量表，配合比表，损耗率；3) 选用的材料价格表；4) 施工机械台班单价表等。

1.1.5 安装工程预算定额基价的确定

(1) 定额消耗量指标的确定

1) 人工消耗量的确定 安装工程预算定额人工消耗量指标是以劳动定额为基础确定的完成单位分项工程所必须消耗的劳动量标准。在定额中以"时间定额"的形式表示，其表达式如下：

人工消耗量＝基本用工＋超运距用工＋人工幅度差
＝(基本用工＋超运距用工)×(1＋人工幅度差系数)

式中，基本用工指完成该分项工程的主要用工，包括材料加工、安装等用工；超运距用工指在劳动定额规定的运输距离上增加的用工；人工幅度差指劳动定额人工消耗只考虑就地操作，不考虑工作场地转移、工序交叉、机械转移、零星工期等用工，而预算定额则考虑了这些用工差，目前国家规定预算的人工幅度差系数为10%。

《全国统一安装工程预算定额》中定额的人工工日不分列工种和技术等级，一律以综合工日表示，内容包括基本用工、超运距用工和人工幅度差。

《全国统一安装工程预算定额》项目表示例——镀锌钢管(螺纹连接) 表1-1

	定 额 编 号			8-87	8-88	8-89	8-90	8-91	8-92
	项 目			公称直径(mm)					
				≤15	≤20	≤25	≤32	≤40	≤50
	名 称	单位	单价(元)	数 量					
人工	综合工日	工日	23.22	1.830	1.830	2.200	2.200	2.620	2.680
材料	镀锌钢管DN15	m	—	(10.200)	—	—	—	—	—
	镀锌钢管DN20	m	—	—	(10.200)	—	—	—	—
	镀锌钢管DN25	m	—	—	—	(10.200)	—	—	—
	镀锌钢管DN32	m	—	—	—	—	(10.200)	—	—
	镀锌钢管DN40	m	—	—	—	—	—	(10.200)	—
	镀锌钢管DN50	m	—	—	—	—	—	—	(10.200)
	室内镀锌钢管接头零件DN15	个	0.800	16.370	—	—	—	—	—
	室内镀锌钢管接头零件DN20	个	1.140	—	11.520	—	—	—	—
	室内镀锌钢管接头零件DN25	个	1.850	—	—	9.780	—	—	—
	室内镀锌钢管接头零件DN32	个	2.740	—	—	—	8.030	—	—
	室内镀锌钢管接头零件DN40	个	3.530	—	—	—	—	7.160	—
	室内镀锌钢管接头零件DN50	个	5.870	—	—	—	—	—	6.510
	钢锯条	根	0.620	3.790	3.410	2.550	2.410	2.670	1.330
	砂轮片φ400mm	片	23.800	—	—	0.050	0.050	0.050	0.150
	机油	kg	3.550	0.230	0.170	0.170	0.160	0.170	0.200
	铅油	kg	8.770	0.140	0.120	0.130	0.120	0.140	0.140
	线麻	kg	10.400	0.014	0.012	0.013	0.012	0.014	0.014
	管子托钩DN15	个	0.480	1.460	1.290	—	—	—	—
	管子托钩DN20	个	0.480	—	1.440	—	—	—	—
	管子托钩DN25	个	0.530	—	—	1.160	1.160	—	—
	管卡子(单立管)DN25	个	1.340	1.640	0.010	2.060	—	—	—
	管卡子(单立管)DN50	个	1.640	—	—	—	2.060	—	—
	普通硅酸盐水泥42.5	kg	0.340	1.340	3.710	4.200	4.500	0.690	0.390
	砂子	m³	44.230	0.010	0.010	0.010	0.010	0.002	0.001
	镀锌钢丝8～12号	kg	6.140	0.140	0.390	0.440	0.150	0.010	0.040
	破布	kg	5.830	0.100	0.100	0.100	0.100	0.220	0.250
	水	t	1.650	0.050	0.080	0.080	0.090	0.130	0.160

续表

定额编号			8-87	8-88	8-89	8-90	8-91	8-92
项目			公称直径（mm）					
			≤15	≤20	≤25	≤32	≤40	≤50
名称		单位	单价（元）	数量				
机械	管子切断机 $\phi60\sim150mm$	台班	18.290	—	—	0.020	0.020	0.020	0.060
	管子切断套丝机 $\phi159mm$	台班	22.030	—	—	0.030	0.030	0.030	0.080
其中	人工费/元			42.49	42.49	51.08	51.08	60.84	62.23
	材料费/元			22.96	24.23	31.40	34.05	31.98	46.84
	机械费/元			—	—	1.03	1.03	1.03	2.86

2) 材料消耗量指标的确定 安装工程在施工过程中不但安装设备，而且还要消耗材料，有的安装工程是由加工材料组装而成。构成安装工程主体的材料称为主要材料（主材），其次要材料称为辅助材料（辅材）。材料消耗量的表达式如下：

材料消耗量＝材料净用量＋材料损耗量＝材料净用量×（1＋材料损耗率）

式中，材料净用量指构成工程子目实体必须占用的材料量；材料损耗量包括从工地仓库、现场集中堆放地点或现场加工地点到操作或安装地点的运输损耗、施工操作损耗、施工现场堆放损耗。主要材料损耗率见定额各册附录。

3) 机械台班消耗量指标的确定 机械台班消耗量是按正常合理的机械配备和大多数施工企业的机械化装备程度综合取定的。机械台班消耗量的单位是台班。按现行规定，每台机械工作8h为一个台班。预算定额中的机械台班消耗指标是按全国统一机械台班定额编制的，它表示在正常施工条件下，完成单位分项工程或构件所额定消耗的机械工作时间。其表达式如下：

机械台班消耗量＝实际消耗量＋影响消耗量＝实际消耗量×（1＋幅度差系数）

式中，实际消耗量是根据施工定额中机械产量定额的指标换算求出的；影响消耗量指考虑机械场内转移、质量检测、正常停歇等合理因素的影响所增加的台班消耗量，一般采用机械幅度差系数计算，对于不同的施工机械，幅度差系数不相同。

（2）定额单价的确定

1) 人工工日单价的确定 人工工日单价指在预算中应计入的一个建筑安装工人一个工作日的全部人工费用。目前，预算人工工日单价中包括了工人的基本工资、工资性津贴、流动施工津贴、房租补贴、劳动保护费和职工福利费。

《全国统一安装工程预算定额》综合工日的单价采用北京市2000年安装工程人工费单价，每工日23.22元，包括基本工资和工资性津贴等。

2) 材料预算价格的确定 在《全国统一安装工程预算定额》中主材不注明单价，材料预算价格中不包括其价格，其用量在材料消耗栏中用"（）"标识出，其价格应根据"（）"内所列的用量，按各省、自治区、直辖市的材料预算价格计算。

辅材单价采用北京市2000年材料预算价格。

3) 机械台班单价的确定 施工机械台班单价是施工机械每个台班所必须消耗

的人工、材料、燃料动力和应分摊的费用。施工机械台班的单价由七项费用组成：折旧费、大修理费、经常修理费、安拆费及场外运费、燃料动力费、人工费、养路费及车船使用税等。

《全国统一安装工程预算定额》的机械台班消耗量是按正常合理的机械配备和大多数施工企业的机械化装备程度综合取定的。施工机械台班单价按1998年原建设部颁发的《全国统一施工机械台班费用定额》计算，其中未包括的养路费和车船使用税等可按各省、自治区、直辖市的有关规定计入。

（3）定额基价的确定

预算定额基价是指完成单位分项工程所必须投入的货币量的标准数值，由人工费、材料费、机械费三部分构成，即：

$$预算定额基价 = 人工费 + 材料费 + 机械费$$

式中　　人工费 $= \Sigma$（定额人工消耗量指标×人工工日单价）

材料费 $= \Sigma$（定额材料消耗量指标×材料预算单价）

机械费 $= \Sigma$（定额机械台班消耗量指标×机械台班单价）

1.1.6 《全国统一安装工程预算定额》子目系数和综合系数

安装工程施工预算造价计算的特点之一，就是用系数计算一些费用。系数有子目系数和综合系数两种，用这两种系数计算的费用均是直接费的构成部分。

（1）子目系数

子目系数是费用计算的最基本的系数，其计算的费用是综合系数的计算基础。子目系数又分以下两种。

1）换算系数　在定额册中，有的子目需要增减一个系数后才能使用，这个系数一般分别列在定额册各章节的说明中，所以也可称为"章节系数"，属子目系数性质。

2）子目系数　有些项目不便列子目制定定额进行计算，如安装工程中高层建筑工程增加费；单层房屋工程超高增加费施工过程操作超高增加费等。这些系数和计取方法分别列在各定额册的册说明中。

超高系数。当操作物高度大于定额高度时，为了补偿人工降效而收取的费用称为操作超高增加费。这项费用一般用系数计取，系数称为操作超高增加费系数。专业不同，定额所规定计取增加费的高度也不一样，因此系数也不相同，安装工程中的操作超高增加费系数见表1-2。虽然各专业计取该项费用的系数不同，但计取此项费用的方法是一样的（未列出部分具体参见相关章节），计算公式为：

安装工程操作超高增加费系数　　　　表1-2

工程名称	定额高度 (m)	取费基数	系　　数（%）
给排水、采暖、燃气工程	3.6	操作超高部分人工费	10(3.6~8)、15(3.6~12)、20(3.6~16)、25(3.6~20)
通风空调工程	6		15
电气设备安装工程	5		33（20m以下）（全部为人工费）

高层建筑增加费。安装工程中所指高层建筑是特指，不可与其他地方的高层建筑划分方法相混淆。安装工程中的高层建筑是指6层以上（不含6层）的多层建筑、单层建筑物自室外设计正、负零至檐口（或最高层楼地面）高度在20m以上（不含20m）的建筑物。

高层建筑增加费是由于建筑物高度增加为安装工程施工所带来的人工降效补偿，全部计入人工费。各专业高层建筑增加费系数见表1-3。其计算方法为：

高层建筑增加费＝工程全部人工费×高层建筑增加费系数

安装工程高层建筑增加费系数　　　　表1-3

工程名称	计算基数	建筑物层数或高层（层以下或米以下）							
		9(30)	12(40)	15(50)	18(60)	21(70)	24(80)	27(90)	30(100)	33(110)
给排水、采暖、燃气工程	工程人工费	2	3	4	6	8	10	13	16	19
通风空调工程		1	2	3	4	5	6	8	10	13
电气设备安装工程		1	2	4	6	8	10	13	16	19

工程名称	计算基数	建筑物层数或高层（层以下或米以下）							
		36(120)	39(130)	42(140)	45(150)	48(160)	51(170)	54(180)	57(190)	60(200)
给排水、采暖、燃气工程	工程人工费	22	25	28	31	34	37	40	43	46
通风空调工程		16	19	22	25	28	31	34	37	40
电气设备安装工程		22	25	28	31	34	37	40	43	46

（2）综合系数

综合系数是以单位工程全部人工费（包括以子目系数所计算费用中的人工费部分）作为计算基础计算费用的一种系数。主要包括脚手架搭拆费、安装与生产同时进行的增加费、在有害身体健康的环境中施工的增加费、在高原高寒特殊地区施工的增加费等。综合系数计算的费用也构成直接费，其费率见表1-4。

安装工程定额综合系数　　　　表1-4

工程名称	取费基数	综合系数（%）					
		脚手架搭拆费		系统调试费		安装与生产同时进行	有害健康环境中施工
		系数	人工费占	系数	人工费占		
给排水、采暖、燃气工程	全部人工费	5	25	15（采暖）	20		
通风空调工程		3	25	13	25	10	10
电气设备安装工程		4	25	按各章规定		10（全为人工费）	10

注：在电气设备安装工程中，脚手架搭拆费只限于10kV以下的电气设备安装工程（架空线路除外）。对于10kV以上的工程，该费用已包括在定额内，不另计取。

1）脚手架搭拆费　按定额的规定，脚手架搭拆费不受操作物高度限制均可收取。同时，在测算脚手架搭拆费系数时，考虑了如下因素：①各专业工程交叉作业施工时可以互相利用脚手架的因素，测算时已扣除可以重复利用的脚手架费用；②安装工程脚手架与土建所用的脚手架不尽相同，测算搭拆费用时大部分是按简易架考虑的；③施工时如部分或全部使用土建的脚手架时，作有偿使用处理。计算方法：

$$脚手架搭拆费 = 定额人工费 \times 脚手架搭拆系数$$

2) 安装与生产同时进行增加的费用　该项费用的计取是指改扩建工程在生产车间或装置内施工因生产操作或生产条件限制干扰了安装工程正常进行而增加的降效费用。这其中不包括为保证安全生产和施工所采取的措施费用。如安装工作不受干扰的，不应计取此项费用。计算方法：

$$安装与生产同时进行增加费 = 定额人工费 \times 安装与生产同时进行增加系数$$

3) 在有害身体健康的环境中施工降效增加的费用　该项费用指在民法有关规定允许的前提下，改扩建工程中由于车间有害气体或高分贝的噪声超过国家标准以致影响身体健康而增加的降效费用，不包括劳保条例规定的应享受的工种保健费。计算方法：

$$有害身体健康的环境中施工增加费 = 定额人工费 \times 有害身体健康的环境中施工增加系数$$

4) 系统调整费　在系统施工完毕后，对整个系统进行综合调试而收取的费用。计算方法：

$$系统调试费 = 定额人工费 \times 系统调试费系数$$

1.1.7　《全国统一安装工程预算定额》使用中的其他问题

(1) 关于水平和垂直运输

1) 设备　包括自安装现场指定堆放地点运至安装地点的水平和垂直运输。

2) 材料、成品、半成品　包括自施工单位现场仓库或现场指定堆放地点运至安装地点的水平和垂直运输。

3) 垂直运输基准面　室内以室内地平面为基准面，室外以安装现场地平面为基准面。

(2) 定额适用于海拔高程 2000m 以上，地震烈度 7 度以下的地区

超过上述情况时，可结合具体情况，由各省、自治区、直辖市或国务院有关部门制定调整办法。

(3) 定额中注有"×××以内"或"×××以下"者均包括×××本身，"×××以外"或"×××以上"者，则不包括×××本身。

1.2　清单工程量计算规则

1.2.1　工程量清单计价规范简介

工程量清单是招标文件的组成部分，主要由分部分项工程量清单、措施项目

清单、其他项目清单、规费和税金项目清单组成，是编制标底和投标报价的依据，是签订工程合同、调整工程量和办理竣工结算的基础。工程量清单由有编制招标文件能力的招标人，或受其委托具有相应资质的工程造价咨询机构、招标代理机构，依据有关计价办法、招标文件的有关要求、设计文件和施工现场实际情况进行编制。

《建设工程工程量清单计价规范》包括正文和附录两大部分，两者具有同等效力。

正文共五章，包括总则、术语、工程量清单编制、工程量清单计价、工程量清单计价表格等内容。它们分别就"计价规范"应遵循的原则、编制工程量清单应遵循的规则、工程量清单计价的规则、工程量清单及其计价格式做了明确规定。

附录包括：建筑工程工程量清单项目及计算规则（附录A），装饰装修工程工程量清单项目及计算规则（附录B），安装工程工程量清单项目及计算规则（附录C），市政工程工程量清单项目及计算规则（附录D），园林绿化工程工程量清单项目及计算规则（附录E），矿山工程工程量清单项目及计算规则（附录F）。附录中包括项目编码、项目名称、项目特征、计量单位、工程量计算规则和工程内容，其中项目编码、项目特征、计量单位、工程量计算规则、表格格式作为"五统一"的内容，要求招标人在编制工程量清单时必须执行。

(1) 分部分项工程量清单的编制

工程量清单的项目设置规则是为了统一工程量清单项目名称、项目编码、计量单位和工程量计算而制定的，是编制工程量清单的依据。在《建设工程工程量清单计价规范》（以下简称"计价规范"）中，安装工程分部分项工程量清单项目及计算规则属于"计价规范"中附录C的内容。在"计价规范"附录C中，对工程量清单项目的设置做了明确的规定。安装工程共1140个清单项目，基本满足一般工业设备安装工程和工业民用建筑（含公共建筑）配套工程（电气、消防、给排水、采暖、燃气、通风等）工程量清单的编制和计价的需要。"计价规范"附录C中分部分项工程清单项目的内容是以表格的形式体现的。

分部分项工程清单项目的设置以形成工程实体为原则，它是计量的前提。清单项目名称均以工程实体命名。所谓实体是指形成生产或工艺作用的主要实体部分，对附属或次要部分不设置项目。项目必须包括完成或形成实体部分的全部内容。如工业管道安装工程项目，实体部分指管道，完成这个项目还包括：防腐、刷油、绝热、保温、管道脱脂、酸洗、试压、探伤检查等。刷油漆、保温层、保护壳尽管也是实体，但对管道而言，它们则属于附属项目。

但也有个别工程项目，既不能形成工程实体，又不能综合在某一个实物量中。如消防工程、自动控制仪表工程、采暖工程、通风空调工程的系统调试项目，它们是多台设备、组件由网络（指管线）连接，组成一个系统，在设备安装的最后阶段，根据工艺要求、参数和标准进行测试调整，以达到系统运行前的验收要求。它是某些设备安装工程不可缺少的内容，没有这个过程便无法验收，也不能保证产品质量或工艺性能。因此，"计价规范"规定系统调试项目均作为工程量清单项目单列。

分部分项工程量清单是由招标人按照"计价规范"中统一的项目编码、统一的项目名称、统一的计量单位和统一的工程量计算规则（即四个统一）进行编制。招标人必须按规范规定执行，不得因情况不同而变动。在设置清单项目时，以"计价规范"附录中项目名称为主体，考虑该项目的规格、型号、材质等特征要求，结合拟建工程的实际情况，在清单中详细地反映出影响工程造价的主要因素。表1-5是工程量清单的项目设置。

工程量清单的项目设置　　　　　　表1-5

项目编码	项目名称	项目特征	计量单位	工程量计算规则	工程内容

在设置清单项目时应注意以下几点：

1) 项目编码

"计价规范"中对每一个分部分项工程清单项目均给定一个编码。项目编码以五级编码设置。用十二位阿拉伯数字表示。一、二、三、四级编码统一；第五级编码由工程量清单编制人区分具体工程的清单项目特征而分别编码。各级编码代表的含义如下：

第一级表示分类码（分二位）；建筑工程为01、装饰装修工程为02、安装工程为03、市政工程为04、园林绿化工程为05；

第二级表示专业工程顺序码（分二位），如0301为安装工程的"机械设备安装工程"；

第三级表示分部分项工程顺序码（分二位）；

第四级表示分项工程项目名称顺序码（分三位）；

第五级表示具体清单项目工程名称码（分三位），主要区别同一分部分项工程具有不同特征的项目，由工程量清单编制人编制，从001开始。

例：030202010表示安装工程的"电气设备安装工程"的"配电装置"第10项工程"避雷器安装"项目。

例：030204018表示安装工程的"电气设备安装工程"的"控制设备及低压电器"第18项工程"配电箱安装"项目。

例：030801002表示安装工程的"给排水、采暖、燃气工程"的"给排水、采暖管道"第2项工程"钢管安装"项目。

在编制工程量清单时，对于"计价规范"附录中的缺项，编制人可做补充。补充项目应填写在工程量清单相应分部工程之后，并在"项目编码"栏中以"补"字示之。例如，分水器安装，"计价规范"中"管道附件"（编码：030803）一节中没有相应的清单项目，该节的清单项目有18个，如将分水器安装补充为一个清单项目，则项目编码应紧随本节之后，列为第19项，应为"补030803019"。

2) 项目名称

项目名称原则上以形成工程实体而命名。项目名称如有缺项，招标人可按相应的原则进行补充，并报当地工程造价管理部门备案。

在安装工程清单项目设置中，除长距离输送管道工程的土石方工程外，凡涉及电杆坑、管沟及井类的土石方开挖、垫层、基础、砌筑、抹灰、地井盖板预制安装、回填、运输，应按建筑工程（"计价规范"附录A）中的相关项目编制工程量清单，路面开挖及修复、管道支墩、井室砌筑等按市政工程（"计价规范"附录D）编制工程量清单。

3) 项目特征

项目特征是对项目的准确描述，是影响价格的因素，是设置具体清单项目的依据。项目特征按不同的工程部位、施工工艺或材料品种、规格等分别列项。凡项目特征中未描述到的其他独有特征，由清单编制人视项目具体情况而定，以准确描述清单项目为准。安装工程项目的特征主要体现在以下几个方面。

①项目的本体特征　属于这些特征的主要项目的材质、型号、规格、品牌等，这些特征对工程造价影响较大，若不加以区分，必然造成计价混乱。

②安装工艺方面的特征　对于项目的安装工艺，在清单编制时有必要进行详细说明。例如，$DN \leqslant 100mm$ 的镀锌钢管采用螺纹连接，$DN > 100mm$ 的管道连接可采用法兰连接或卡套式专用管件连接，在清单项目设置时，必须描述其连接方法。

③对工艺或施工方法有影响的特征　有些特征将直接影响到施工方法，从而影响工程造价。例如设备的安装高度、室外埋地管道工程地下水的有关情况等。

安装工程项目的特征是清单项目设置的重要内容，在设置清单项目时，应对项目的特征做全面的描述。即使是同一规格同一材质的项目，如果安装工艺或安装位置不一样，应考虑分别设置清单项目。原则上具有不同特征的项目都应分别列项。只有做到清单项目清晰、准确，才能使投标人全面、准确地理解招标人的工程内容和要求，做到计价有效。招标人编制工程量清单时，对项目特征的描述是非常关键的内容，必须予以足够的重视。

4) 工程量及计量单位

清单项目的工程量计算规则与预算定额工程量计算规则有着原则上的区别，其计量方法是以实体安装就位的净尺寸（或净重）计算。预算定额工程量的计算在净值的基础上，考虑施工操作（或定额）规定的预留量，这个量随施工方法、措施的不同也在变化。因此，清单项目的工程量计算应严格执行"计价规范"所规定的工程量计算规则，不能同定额工程量计算相混淆。计量单位应采用基本单位，不使用扩大单位（100kg、10m^2、10m等），这一点与定额计价有很大差别（各专业另有特殊规定除外）。

①以重量计算的项目——吨或千克（t 或 kg）；

②以体积计算的项目——立方米（m^3）；

③以面积计算的项目——平方米（m^2）；

④以长度计算的项目——米（m）；

⑤以自然计量单位计算的项目——个；
⑥没有具体数量的项目——系统、项。

以"吨"为单位的，保留小数点后三位，第四位小数四舍五入；以"立方米"、"平方米"、"米"为单位的，应保留两位小数，第三位小数四舍五入；以"个"、"项"等为单位的，应取整数。

工程量的计算主要通过工程量计算规则计算得到。工程量计算规则是指对清单项目工程量的计算规定。除另有说明外，所有清单项目的工程量应以实体工程量为准，并以建成后的净值计算，投标人投标报价时，应在单价中考虑施工中的各种损耗和需要增加的工程量。

5）工程内容

工程内容是指完成该清单项目可以发生的具体工程，可供招标人确定清单项目和投标人投标报价参考。

凡工程内容中未列全的其他具体工程，由投标人按招标文件或图纸要求编制，以完成清单项目为准，综合考虑到报价中。

由于清单项目是按实体设置的，而实体是由多个工程综合而成的，在清单项目的表现形式上是由主体项目和辅助项目（或称组合项目、子项）构成，主体项目即"计价规范"中的项目名称，组合项目即"计价规范"中的工程内容。"计价规范"对各清单项目可能发生的组合项目均做了提示并列在"工程内容"一栏内，供清单编制人根据具体工程有选择地对项目描述时参考。

如果发生了在"计价规范"附录中没有列的工程内容，在清单项目描述中应予以补充，绝不能以"计价规范"附录中没有为理由而不予描述。描述不清容易引发投标人报价（综合单价）内容不一致，给评标和工程管理带来麻烦。

（2）措施项目清单的编制

措施项目清单的编制应考虑多种因素，除工程本身的因素外，还涉及水文、气象、环境、安全等和施工企业的实际情况。规范提供了措施项目作为列项的参考，对于表中未列的措施项目，工程量清单编制人可做补充，补充项目应列在清单项目最后，并在序号栏中以"补"字示之。措施项目清单以"项"为计量单位，相应数量为1。

2008《建设工程工程量清单计价规范》规定，措施项目清单中的安全文明施工费应按照国家或省级、行业建设主管部门的规定计价，不得作为竞争性费用。

（3）其他项目清单的编制

其他项目清单应根据拟建工程的具体情况列项，主要包括四部分内容。

1）暂列金额

招标人在工程量清单中暂定并包括在合同价款中的一笔款项。用于施工合同签订时尚未确定或者不可预见的所需材料、设备、服务的采购，施工中可能发生工程变更、合同约定调整因素出现时的工程价款调整以及发生的索赔、现场签证确认等的费用。

暂列金额是包括在合同价之内，但并不直接属承包人所有，而是由发包人暂定并掌握使用的一笔款项。

2）暂估价

招标人在工程量清单中提供的用于支付必然发生但暂不能确定的材料的单价以及专业工程的金额。

暂估价是在招标阶段预见肯定要发生，只是因为标准不明确或者需要由专业承包人完成，暂时又无法确定具体价格时采用的一种价格形式。

3）计日工

在施工过程中，完成发包人提出的施工图纸以外的零星项目或工作，按合同中约定的综合单价计价。

4）总承包服务费

总承包人为配合协调发包人进行的工程分包自行采购的设备、材料等进行管理、服务以及施工现场管理、竣工资料汇总整理等服务所需的费用。

1.2.2 招标文件中提供的工程量清单的标准格式

工程量清单应采用统一格式，一般应由下列内容组成。

（1）封面

封面格式如表1-6所示，由招标人填写、签字、盖章。

工程量清单封面格式　　　　　　　　　　表 1-6

```
_____工程
              工程量清单
招标人：_____（单位盖章）   工程造价咨询人_____（单位资质专用章）

法定代表人或其授权人：_____   法定代表人或其授权人：_____
        （签字或盖章）                    （签字或盖章）

编制人：_____              复核人：_____
   （造价人员签字盖专用章）         （造价工程师签字盖专用章）

编制时间：  年  月  日           复核时间：  年  月  日
```

（2）总说明

总说明应按下列内容填写。

1）工程概况：建设规模、工程特征、计划工期、自然地理条件、环境保护要求等。

2）工程招标和分包范围。

3）工程量清单编制依据。

4）工程质量、材料、施工等的特殊要求。

5）招标人自行采购材料的名称、规格型号、数量等。

6）其他项目清单中招标人部分的（包括预留金、材料购置费等）金额数量。

7）其他需说明的问题。

（3）分部分项工程量清单

分部分项工程量清单见表1-7。

分部分项工程量清单与计价表　　　　　　　　　　　　　　表1-7

工程名称：　　　　　　　　　　　标段：　　　　　　　　　　第　页　共　页

序号	项目编码	项目名称	项目特征描述	计量单位	工程数量	金额（元）		
						综合单价	合价	其中：暂估价

（4）措施项目清单

措施项目清单见表1-8和表1-9。

措施项目清单与计价表（一）　　　　　　　　　　　　　　表1-8

工程名称：　　　　　　　　　　　标段：　　　　　　　　　　第　页　共　页

序号	项目名称	计算基础	费率（%）	金额

注：本表适用于以"项"计价的措施项目。

措施项目清单与计价表（二）　　　　　　　　　　　　　　表1-9

工程名称：　　　　　　　　　　　标段：　　　　　　　　　　第　页　共　页

序号	项目编码	项目名称	项目特征描述	计量单位	工程数量

注：本表适用于以综合单价形式计价的项目。

（5）其他项目清单

其他项目清单见表1-10。

其他项目清单与计价汇总表　　　　　　　　　　　　　　表1-10

工程名称：　　　　　　　　　　　标段：　　　　　　　　　　第　页　共　页

序号	项目名称	计量单位	金额（元）	备注
1	暂列金额			
2	暂估价			
2.1	材料暂估价			
2.2	专业工程暂估价			
3	计日工			
4	总承包服务费			

（6）规费、税金项目清单

规费、税金项目清单见表1-11。

规费、税金项目清单与计价表 表 1-11

工程名称：　　　　　　　　　　标段：　　　　　　　　　第 页 共 页

序号	项目名称	计算基础	费率（%）	金额
1	规费			
1.1	工程排污费			
1.2	社会保障费			
(1)	养老保险费			
(2)	失业保险费			
(3)	医疗保险费			
1.3	住房公积金			
1.4	危险作业意外伤害保险			
1.5	工程定额测定费			
2	税金	分部分项工程费＋措施项目费＋其他项目费＋规费		

2 建筑电气安装工程基础知识

关键知识点：电力系统、低压配电系统的组成、配电导线型号、规格、线路敷设方式、线路标注方法、变配电设备的种类及用途、灯具的种类及安装方式等。
主要技能：能识读各种电气设备的图例符号及线路标注。
教学建议：参观低压配电系统组成，认识各种电气设备、导线、电缆等实物。

2.1 电力系统

如图 2-1 所示，电力系统一般由发电厂、输电线路、变电所、配电线路及用电设备构成。

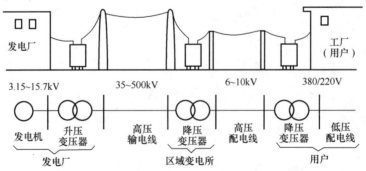

图 2-1 电力系统示意

在我国，一般把 1kV 以上的电压称为高压，1kV 以下的电压称为低压。6~10kV 电压用于送电距离为 10km 左右的工业与民用建筑的供电，380V 电压用于民用建筑内部动力设备供电或向工业生产设备供电。220V 电压则用于向小型电器和照明系统供电。

2.2 低压配电系统

高压供电通过降压变压器将电压降至380V后供给用户，通过建筑内部的低压配电系统将电能供应到各个用电设备。低压配电系统可分为动力和照明配电系统，由配电装置及配电线路组成。电源引入建筑物后应在便于维护操作之处装设配电开关和保护设备，若装于配电装置上时，应尽量接近负荷中心。低压配电一般采用380/220V中性点直接接地系统。照明和电力设备一般由同一台变压器供电，当电力负荷所引起的电压波动超过照明或其他用电设备的电压质量要求时，可分别设置电力和照明变压器。单相用电设备应均匀分配到三相电路中，不平衡中性电流应小于规定的允许值。

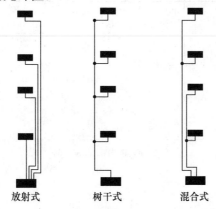

放射式　树干式　混合式

图2-2 配电方式

低压配电系统的接线一般应考虑简单、经济、安全、操作方便、调度灵活和有利于发展等因素。但由于配电系统直接和用电设备相连，故对接线的可靠性、灵活性和方便性要求更高。低压配电的接线方式有放射式、树干式及混合式之分，如图2-2所示。

从低压电源引入的总配电装置（第一级配电点）开始，至末端照明支路配电盘为止，配电级数一般不宜多于三级，每一级配电线路的长度不宜大于30m。如从变电所的低压配电装置算起，则配电级数一般不多于四级，总配电长度一般不宜超过200m，每路干线的负荷计算电流一般不宜大于200A。

2.3 配电导线

2.3.1 导线的型号

（1）电线

室内低压线路一般采用绝缘电线。绝缘电线按绝缘材料的不同，分为橡皮绝缘电线和塑料绝缘电线；按导体材料分为铝芯电线和铜芯电线，铝芯电线比铜芯电线电阻率大、机械强度低，但质轻、价廉；按制造工艺分为单股电线和多股电线，截面在 10mm^2 以下的电线通常为单股。其型号一般用下述符号表示。

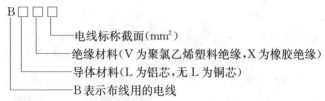

电气照明工程常用的绝缘电线见表 2-1。

常用的绝缘电线 表 2-1

型号	名称	电压（V）	线芯标称截面（mm^2）	用途
BV	铜芯塑料绝缘线	500	0.75, 1.0, 1.5, 2.5, 4, 6, 10, 16, 25, 35, 50, 70, 95	室内明装固定敷设或穿管敷设用
BLV	铝芯塑料绝缘线	500	2.5, 4, 6, 10, 16, 25, 35, 50, 70, 95	
BVV	铜芯塑料绝缘及护套线	500	0.75, 1.0, 1.5, 2.5, 4, 6, 10 2×0.75, 2×1.0, 2×1.5, 2×2.5, 2×4, 2×6, 2×10, 3×0.75, 3×1.0, 3×1.5, 3×2.5, 3×4, 3×6, 3×10	室内明装固定敷设或穿管敷设用，可采用铝卡片敷设
BLVV	铝芯塑料绝缘及护套线	500	2.5, 4, 6, 10, 2×2.5, 2×4, 2×6, 2×10, 3×2.5, 3×4, 3×6, 3×10	
BXF	铜芯氯丁橡皮绝缘线	500	0.75, 1.0, 1.5, 2.5, 4, 6, 10, 16, 25, 35, 50, 70, 95	室内外明装固定敷设用
BLXF	铝芯氯丁橡皮绝缘线	500	2.5, 4, 6, 10, 16, 25, 35, 50, 70, 95	
BBX	铜芯玻璃丝编织橡皮绝缘线	250	0.75, 1.0, 1.5, 2.5, 4	室内外明装固定敷设用
BBX	铜芯玻璃丝编织橡皮绝缘线	500	0.75, 1.0, 1.5, 2.5, 4, 6, 10, 16, 25, 35, 50, 70, 95	室内外明装固定敷设用或穿管敷设用
BBLX	铝芯玻璃丝编织橡皮绝缘线	250	2.5, 4	室内外明装固定敷设用
BBLX	铝芯玻璃丝编织橡皮绝缘线	500	2.5, 4, 6, 10, 16, 25, 35, 50, 70, 95	室内外明装固定敷设用或穿管敷设用

（2）电缆

电缆的种类很多，按其用途可分为电力电缆和控制电缆两大类；按其绝缘材料可分为油浸纸绝缘电缆、橡皮绝缘电缆和塑料绝缘电缆三大类。一般都由线芯、绝缘层和保护层三个部分组成。线芯分为单芯、双芯、三芯及多芯。其型号、名称及主要用途见表 2-2。

塑料绝缘电力电缆种类及用途　　　　　表 2-2

型　号		名　称	主　要　用　途
铝芯	铜芯		
VLV	VV	聚氯乙烯绝缘、聚氯乙烯护套电力电缆	敷设在室内、隧道内及管道中，不能受机械外力作用
VLV_{29}	VV_{29}	聚氯乙烯绝缘、聚氯乙烯护套内钢带铠装电力电缆	敷设在地下，能承受机械外力作用，但不能承受大的拉力
VLV_{30}	VV_{30}	聚氯乙烯绝缘、聚氯乙烯护套裸细钢丝铠装电力电缆	敷设在室内，能承受机械外力作用，并能承受相当的拉力
VLV_{39}	VV_{39}	聚氯乙烯绝缘、聚氯乙烯护套内细钢丝铠装电力电缆	敷设在水中
VLV_{50}	VV_{50}	聚氯乙烯绝缘、聚氯乙烯护套裸粗钢丝铠装电力电缆	敷设在室内，能承受机械外力作用，并能承受较大的拉力
VLV_{50}	VV_{50}	聚氯乙烯绝缘、聚氯乙烯护套裸粗钢丝铠装电力电缆	敷设在水中，能承受较大的拉力

2.3.2 线路的敷设

电线、电缆的敷设应根据建筑功能、室内装饰要求和使用环境等因素，经技术、经济比较后确定。特别是按环境条件确定导线的型号及敷设方式。

（1）绝缘导线的敷设

绝缘导线的敷设方式可分为明敷和暗敷。明敷时，导线直接或者在管子、线槽等保护体内，敷设于墙壁、顶棚的表面及桁架等处；暗敷时，导线在管子、线槽等保护体内，敷设于墙壁、顶棚、地坪及楼板等内部，或者在混凝土板孔内。布线用塑料管、塑料线槽及附件，应采用难燃型制品。明敷方式有以下几种方式：电线架设于绝缘支柱（绝缘子、瓷珠或线夹）上，电线直接沿墙、顶棚等建筑物结构敷设（用线卡固定），称为直敷布线或线卡布线，导线穿金属（塑料）管或金属（塑料）线槽用支持体直接敷设在墙、顶棚表面。

（2）电缆线路的敷设

室外电缆可以架空敷设和埋地敷设。架空敷设造价低，施工容易，检修方便，但美观性较差。埋地敷设可在排管、电缆沟、电缆隧道内敷设，也可直接埋地敷设。

室内电缆通常采用金属托架或金属托盘明设。在有腐蚀性介质的房屋内明敷的电缆宜采用塑料护套电缆。无铠装的电缆在室内明敷时，水平敷设的电缆离地面的距离不应小于 2.5m；垂直敷设的电缆离地面的距离小于 1.8m 时应有防止机械损伤的措施，但明敷在配电室内时例外。

线路敷设方式及敷设部位代号分别见表 2-3 和表 2-4。

线路敷设方式代号　　　　　表 2-3

代号	说明	代号	说明	代号	说明	代号	说明
K	用瓷瓶或瓷柱敷设	TC	用电线管敷设	CT	用桥架（托盘）敷设	PC（PVC）	用硬塑料管敷设
PL	用瓷夹敷设	SC	用焊接钢管敷设	PR	用塑料线槽敷设		
PCL	用塑料夹敷设	SR	用金属线槽敷设	FEC	用半硬塑料管敷设		

线路敷设部位代号   表 2-4

代号	说明	代号	说明	代号	说明	代号	说明
SR	沿钢索敷设	WE	沿墙敷设	BC	暗设在梁内	FC	暗设在地面内或地板内
BE	沿屋架或屋架下弦敷设	CE	沿顶棚敷设	CC	暗设在屋面内或顶板内	WC	暗设在墙内
CLE	沿柱敷设	ACE	在能进入的吊顶内敷设	CLC	暗设在柱内	AC	暗设在不能进人的吊顶内

2.4 变配电设备

2.4.1 配电柜（盘）

为了集中控制和统一管理供配电系统，常把整个系统中或配电分区中的开关、计量、保护和信号等设备，分路集中布置在一起，形成各种配电柜（盘）。

配电柜是用于成套安装供配电系统中受配电设备的定型柜，各类柜各有统一的外形尺寸，按照供配过程中不同功能要求，选用不同标准接线方案。

按照用电设备的种类，配电盘有照明配电盘和照明动力配电盘。配电盘可明装在墙外或暗装镶嵌在墙体内。箱体材料有木制、塑料制和钢板制。

当配电盘明装时，应在墙内适当部位预留洞口，若不加说明，底口距地面高度为1.4m。

2.4.2 刀开关

刀开关是最简单的手动控制电器，可用于非频繁接通和切断容量不大的低压供电线路并兼做电源隔离开关。刀开关按工作原理和结构形式可分为胶盖闸刀开关、刀形转换开关、铁壳开关、熔断式刀开关、组合开关等五类。

"H"为刀开关和转换开关的产品编码，HD为刀形开关，HH为封闭式负荷开关，HK为开放式负荷开关，HR为熔断式刀开关，HS为刀形转换开关，HZ为组合开关。

刀开关按其极数分，有三极开关和二极开关。二极开关用于照明和其他单相电路，三极开关的额定电流可从产品样本中查找，其最大等级为1500A。

2.4.3 熔断器

熔断器是一种保护电器，它主要由熔体和安装熔体用的绝缘体组成。它在低压电网中主要用作短路保护，有时也用于过载保护。熔断器的保护作用靠熔体来完成，一定截面的熔体只能承受一定值的电流，当通过的电流超过规定值时，熔体将熔断，从而起到保护作用。

汉语拼音"R"为熔断器的型号编码，RC为插入式熔断器，RH为汇流排式，RL为螺旋式，RM为封闭管式，RS为快速式，RT为填料管式，RX为限流式熔断器。

2.4.4 自动空气开关

自动空气开关属于一种能自动切断电路故障的控制兼保护电器。在正常情况下，可作"开"与"合"的开关作用；在电路出现故障时，自动切断故障电路，主要用于配电线路的电气设备过载、失压和短路保护。自动空气开关动作后，只要切除或排除了故障一般不需要更换零件，又可以再投入使用。它的分断能力较强，所以应用极为广泛，是低压网络中非常重要的一种保护电器。

自动空气开关按其用途可分为配电用空气开关、电动机保护用空气开关、照明用自动空气开关；按其结构可分为塑料外壳式、框架式、快速式、限流式等；但基本形式主要有万能式和装置式两种，分别用 W 和 Z 表示。

自动开关用 D 表示，其型号含义为：

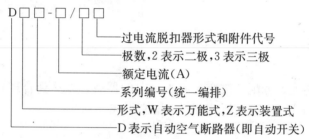

目前常用的自动空气开关型号主要有：DW5、DW10、DZ5、DZ6、DZ10、DZ12 等系列。

2.4.5 漏电保护器

漏电保护器又称触电保安器，它是一种自动电器，装有检漏元件及联动执行元件，能自动分断发生故障的线路。漏电保护器能迅速断开发生人身触电、漏电和单相接地故障的低压线路。

漏电保护器的型号含义为：

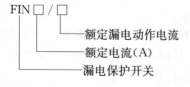

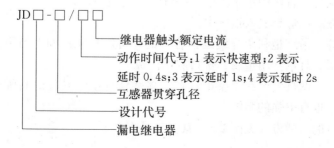

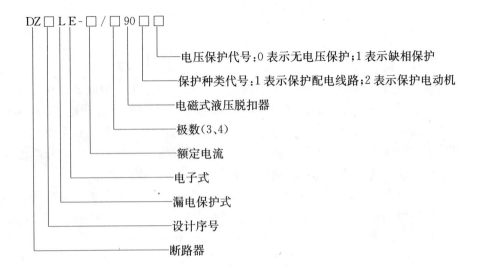

2.5 灯具

灯具是能透光、分配和改变光源光分布的器具，以达到合理利用和避免眩光的目的。灯具由光源和控照器（灯罩）配套组成。

2.5.1 电光源按照其工作原理可分为两大类

一类是热辐射光源，如白炽灯、卤钨灯等；另一类是气体放电光源，如荧光灯、高压汞灯、高压钠灯、金属卤化物灯等。

2.5.2 灯具

灯具有多种类型，按结构分为以下几种：

（1）开启式灯具 光源与外界环境直接相通。

（2）保护式灯具 具有闭合的透光罩，但内外仍能自由通气，如半圆罩顶棚灯和乳白玻璃球形灯等。

（3）密封式灯具 透光罩将灯具内外隔绝，如防水防尘灯具。

（4）防爆式灯具 在任何条件下，不会产生因灯具引起爆炸的危险。

灯具按固定方式分类有以下几种：

（1）吸顶灯 直接固定于顶棚上的灯具称为吸顶灯。

（2）镶嵌灯 灯具嵌入顶棚中。

（3）吊灯 吊灯是利用导线或钢管（链）将灯具从顶棚上吊下来。大部分吊灯都带有灯罩。灯罩常用金属和塑料制作而成。

（4）壁灯 壁灯装设在墙壁上。在大多数情况下与其他灯具配合使用。除有实用价值外，也有很强的装饰性。

常用灯具的安装方式见图 2-3，其代号见表 2-5。

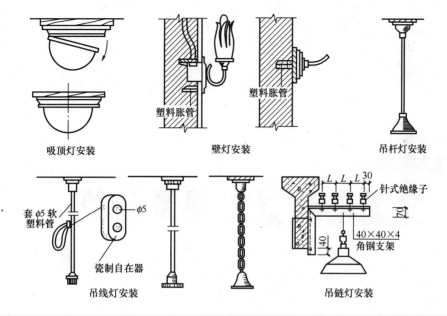

图 2-3 常用灯具安装方式

灯具安装方式代号　　　　　　　　　　表 2-5

代号	说明	代号	说明	代号	说明	代号	说明
CP	自在器线吊式	CH	链吊式	R	嵌入式	SP	支架上安装
CP1	固定线吊式	P	管吊式	T	台上安装	CL	柱上安装
CP2	防水线吊式	W	壁装式	CR	顶棚内安装		
CP3	吊线器式	S	吸顶式	WR	墙壁内安装		

3

变配电装置工程量计算

关键知识点：变配电装置组成、变配电装置定额项目的划分及定额工程量计算规则；变配电装置清单项目的划分及清单工程量计算规则。

主要技能：按定额项目列项并计算变配电装置定额工程量；按工程量清单计价规范项目列项并计算变配电装置清单工程量。

教学建议：参观、认识、实习变配电装置，分组统计材料，列项计算定额工程量和清单工程量。

在变配电系统中，变压器是主要设备，它的作用是变换电压。在电力系统中，为减少线路上的功率损耗，实现远距离输电，用变压器将发电机发出的电能电压升高后再送入输电电网。在配电地点，为了用户安全和降低用电设备的制造成本，先用变压器将电压降低，然后分配给用户。变压器的种类很多，电力系统中常用三相电力变压器，有油浸式和干式之分。干式变压器的铁芯和绕组都不浸在任何绝缘液体中，它一般用于安全防火要求较高的场合。

图 3-1 是某变配电装置示意图。

油浸式变压器外壳是一个油箱，内部装满变压器油，套装在铁芯上的原、副绕组都要浸没在变压器油中。变压器的型号表示如下：

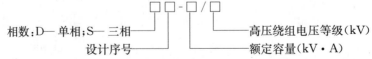

配电装置可分为高压配电装置和低压配电装置两大类。高压配电装置由开关设备（包括高压断路器、高压负荷开关、高压隔离开关等）、测量设备（包括电压互感器和电流互感器）、连接母线、保护设备（包括高压熔断器和电压、电流继电器等）、控制设备和端子箱等组成。低压配电装置由线路控制设备（包括胶盖瓷底闸刀开关、铁壳开关、组合开关、控制按钮、自动空气开关、交流接触器、磁力启动器等）、测量仪器仪表（包括电流表、电压表、功率表、功率因数表等指示仪表，有功电度表、无功电度表及与仪表相配套的电压互感器、电流互感器等计量仪表）及二次级（包括测量、信号、保护、控制回路的连接线）、保护设备（包括熔断器、继电器、触电保安器等）、配电箱（盘）等组成。

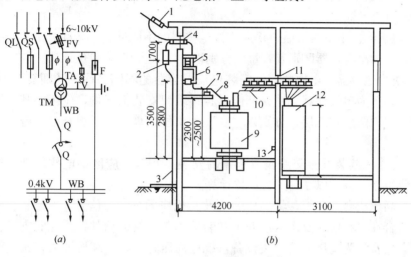

图 3-1 某变配电装置示意图
（a）变配电装置系统；（b）架空进线变配电装置
1—高压架空引入线拉紧装置；2—避雷器；3—避雷器接地引下线；
4—高压穿通板及穿墙套管；5—负荷开关 QL，或断路器 QF，或隔离
开关 QS，均带操动机构；6—高压熔断器；7—高压支柱绝缘子及钢支架；
8—高压母线 WB；9—电力变压器 TM；10—低压母线 WB 及电车绝缘子和钢支架；
11—低压穿通板；12—低压配电箱（屏）AP、AL；13—室内接地母线

3.1 变配电装置定额工程量计算

（1）变压器

变压器的安装和干燥工程量，应按变压器的不同种类、名称，区别其不同电压和容量，分别以"台"为单位计算；变压器油过滤，以"t"为单位计算。

（2）配电装置

1）断路器。断路器安装应按断路器的不同种类、名称，区别其不同电流，分别以"台"为单位计算。

2）隔离开关及负荷开关。隔离开关及负荷开关安装应按其开关的不同种类、名称，区别其不同电流、户内与户外，分别以"组"为单位，每组按三相计算。

3）互感器。按互感器的用途可分为电压互感器和电流互感器两种。电压互感器和电流互感器的安装，应按不同种类和名称，区别其不同电流，分别以"台"

4) 真空接触器。真空接触器安装应按真空接触器的不同电压和电流，分别以"台"为单位计算。

5) 熔断器。熔断器安装以"组"为单位，每组按三相计算。

6) 避雷器。避雷器安装应按避雷器的不同名称，区别不同电压，分别以"组"为单位计算。

7) 电抗器。电抗器安装、干燥应按电抗器的不同种类、名称，干式电抗器区别其质量，油浸电抗器区别其容量，分别以"组（台）"为单位计算。

8) 电力电容器。电力电容器安装应按电容器的不同名称，区别其不同重量，分别以"个"为单位计算。并联补偿电容器组架安装工程量，应区别其单列两层或三层、双列两层或三层，分别以"台"为单位计算。小型组合以"台"为单位计算。

9) 交流滤波装置。交流滤波装置的安装工程量，应区别电抗组架、放电组架、连线组架，分别以"台"为单位计算。

10) 高压成套配电柜。将高压开关及其相应的控制、信号、测量、保护和调节装置组合在一起，以及由上述开关和装置内部连接、辅件、外壳和支持件所组成的成套设备称为高压成套开关设备，统称高压开关柜。高压开关柜按主开关与柜体配合的不同方式分为固定式和移动式，按主母线系统不同可分为单母线柜和双母线柜（一路母线退出时可由另一路母线供电）两大类。高压成套配电柜安装应按高压配电柜的不同名称，区别其单母线柜或双母线柜，分别以"台"为单位计算。

11) 组合型成套箱式变电站。组合型成套箱式变电站安装应按组合型成套箱式变电站不带高压开关柜或带高压开关柜，区别其不同变压器的容量，分别以"台"为单位计算。

3.2 变配电装置清单工程量计算

3.2.1 清单项目设置

变压器安装部分清单项目设置见表 3-1；配电装置安装部分清单项目设置见表 3-2。

变压器安装部分清单项目设置　　　　　　表 3-1

项目编码	项目名称	项目特征	计量单位	工程量计算规则	工程内容
030201001	油浸电力变压器	1. 名称 2. 型号 3. 容量（kV·A）	台	按设计图示数量计算	1. 基础型钢制作、安装 2. 本体安装 3. 油过滤 4. 干燥 5. 网门及铁构件制作安装 6. 刷（喷）油漆

续表

项目编码	项目名称	项目特征	计量单位	工程量计算规则	工程内容
030201002	干式变压器	1. 名称 2. 型号 3. 容量（kV·A）	台	按设计图示数量计算	1. 基础型钢制作、安装 2. 本体安装 3. 干燥 4. 端子箱（汇控箱）安装 5. 刷（喷）油漆
030201003	整流变压器	1. 名称 2. 型号 3. 规格 4. 容量（kV·A）	台	按设计图示数量计算	1. 基础型钢制作、安装 2. 本体安装 3. 油过滤 4. 干燥 5. 网门及铁构件制作安装 6. 刷（喷）油漆
030201004	自耦式变压器	1. 名称 2. 型号 3. 规格 4. 容量（kV·A）	台	按设计图示数量计算	1. 基础型钢制作、安装 2. 本体安装 3. 油过滤 4. 干燥 5. 网门及铁构件制作安装 6. 刷（喷）油漆
030201005	带负荷调压变压器	1. 名称 2. 型号 3. 规格 4. 容量（kV·A）	台	按设计图示数量计算	1. 基础型钢制作、安装 2. 本体安装 3. 油过滤 4. 干燥 5. 网门及铁构件制作安装 6. 刷（喷）油漆
030201006	电炉变压器	1. 名称 2. 型号 3. 容量（kV·A）	台	按设计图示数量计算	1. 基础型钢制作、安装 2. 本体安装 3. 刷油漆
030201007	消弧线圈	1. 名称 2. 型号 3. 容量（kV·A）	台	按设计图示数量计算	1. 基础型钢制作、安装 2. 本体安装 3. 油过滤 4. 干燥 5. 刷油漆

配电装置安装部分清单项目设置　　　　表 3-2

项目编码	项目名称	项目特征	计量单位	工程量计算规则	工程内容
030202001	油断路器	1. 名称 2. 型号 3. 容量（A）	台	按设计图示数量计算	1. 本体安装 2. 油过滤 3. 支架制作、安装或基础槽钢安装 4. 刷油漆

续表

项目编码	项目名称	项目特征	计量单位	工程量计算规则	工程内容
030202002	真空断路器	1. 名称 2. 型号 3. 容量（A）	台	按设计图示数量计算	1. 本体安装 2. 支架制作、安装或基础槽钢安装 3. 刷油漆
030202003	SF_6断路器	1. 名称 2. 型号 3. 容量（A）	台	按设计图示数量计算	1. 本体安装 2. 支架制作、安装或基础槽钢安装 3. 刷油漆
030202004	空气断路器	1. 名称 2. 型号 3. 容量（A）	台	按设计图示数量计算	1. 本体安装 2. 支架制作安装或基础槽钢安装 3. 刷油漆
030202005	真空接触器	1. 名称 2. 型号 3. 容量（A）	台	按设计图示数量计算	1. 支架制作安装 2. 本体安装 3. 刷油漆
030202006	隔离开关	1. 名称 2. 型号 3. 容量（A）	组	按设计图示数量计算	1. 支架制作、安装 2. 本体安装 3. 刷油漆
030202007	负荷开关	1. 名称 2. 型号 3. 容量（A）	组	按设计图示数量计算	1. 支架制作、安装 2. 本体安装 3. 刷油漆
030202008	互感器	1. 名称 2. 型号规格 3. 类型	台	按设计图示数量计算	1. 安装 2. 干燥
030202009	高压熔断器	1. 名称 2. 型号规格	组	按设计图示数量计算	安装
030202010	避雷器	1. 名称 2. 型号规格 3. 电压等级	组	按设计图示数量计算	安装
030202011	干式电抗器	1. 名称 2. 型号规格 3. 质量	组	按设计图示数量计算	1. 本体安装 2. 干燥
030202012	油浸电抗器	1. 名称 2. 型号 3. 容量（kV·A）	台	按设计图示数量计算	1. 本体安装 2. 油过滤 3. 干燥
030202013	移相及串联电容器	1. 名称 2. 型号规格 3. 质量	个	按设计图示数量计算	安装

续表

项目编码	项目名称	项目特征	计量单位	工程量计算规则	工程内容
030202014	集合式并联电容器	1. 名称 2. 型号规格 3. 质量	个	按设计图示数量计算	安装
030202015	并联补偿电容器组架	1. 名称 2. 型号规格 3. 结构	台	按设计图示数量计算	安装
030202016	交流滤波装置组架	1. 名称 2. 型号规格 3. 回路	台	按设计图示数量计算	安装
030202017	高压成套配电柜	1. 名称 2. 型号规格 3. 母线设置方式 4. 回路	台	按设计图示数量计算	1. 基础槽钢制作、安装 2. 柜体安装 3. 支持绝缘子、穿墙套管耐压试验及安装 4. 穿通板制作、安装 5. 母线桥安装 6. 刷油漆
030202018	组合型成套箱式变电站	1. 名称 2. 型号 3. 容量（kV·A）	台	按设计图示数量计算	1. 基础浇筑 2. 箱体安装 3. 进箱母线安装 4. 刷油漆
030202019	环网柜	1. 名称 2. 型号 3. 容量（kV·A）	台	按设计图示数量计算	1. 基础浇筑 2. 箱体安装 3. 进箱母线安装 4. 刷油漆

配电装置设置清单项目时需注意：

1）油断路器、SF_6 断路器等清单项目描述时，一定要说明绝缘油、SF_6 气体是否设备带有，以便投标人计价时确定是否计算此部分费用；

2）本节设备安装如有地脚螺栓者，清单中应注明是由土建预埋还是由安装者安装，以便确定是否计算二次灌浆费用（包括抹面）；

3）绝缘油过滤的描述和过滤油时的计算参照"变压器安装"的绝缘油过滤的相关内容；

4）高压设备的安装没有综合绝缘台安装，如果设计有此要求，其内容一定要表述清楚避免漏项。

控制设备及低压电器安装设置清单项目时需注意：

1）清单项目描述时，对各种角构件如需镀锌、镀锡、喷塑等，需予以描述，以便计价；

2）凡导线进出屏、柜、箱、低压电器的，该清单项目描述时均应描述是否要焊（压）接线端子，而电缆进出屏、柜、箱、低压电器的，可不描述焊（压）接

线端子,因为已综合在电缆敷设的清单项目中;

3) 凡需做盘(屏、柜)配线的清单项目必须予以描述;

4) 小电器包括按钮、照明用开关、插座、电笛、电铃、电风扇、水位电气信号装置、测量表计、继电器、电磁锁、屏上辅助设备、辅助电压互感器、小型安全变压器等。

3.2.2 清单项目工程量计算

变压器、配电装置、控制设备及低压电器清单项目工程量均按设计图示数量计算。重型母线按设计图示尺寸以质量计算,其余母线均为按设计图示尺寸以长度计算。在计算工程量时应注意以下几点:

1) 母线有关预留长度,在做清单项目综合单价时,按设计要求或施工及验收规范的长度一并考虑;

2) 盘、柜、屏、箱等进出线的预留量(按设计要求或施工及验收规范规定的长度)均不作为实物量,由报价人在综合单价中体现。

【例 3-1】 某工程需要安装四台变压器,其中:一台油浸式电力变压器 SL1-1000kVA/10kV;一台油浸式电力变压器 SL1-500kVA/10kV;两台干式变压器 SG-100kVA/10-0.4kV。SL1-1000kVA/10kV 需做干燥处理,其绝缘油要过滤。试编制变压器的工程量清单。

【解】 变压器的工程量清单见下表:

变压器的工程量清单

序号	项目编码	项目名称	项目特征描述	计量单位	工程数量
1	030201001001	油浸电力变压器	1. 名称:油浸电力变压器 2. 型号、容量(kV·A)SL1-1000kVA/10kV	台	1
2	030201001002	油浸电力变压器	1. 名称:油浸电力变压器 2. 型号、容量(kV·A)SL1-500kVA/10kV	台	1
3	030201002001	干式变压器	1. 名称:干式变压器 2. 型号、容量(kV·A)SG-100kVA/10—0.4kV	台	2

4 母线、绝缘子工程量计算

关键知识点：母线、绝缘子定额项目的划分及定额工程量计算规则；母线、绝缘子清单项目的划分及清单工程量计算规则。

主要技能：按定额项目列项并计算母线、绝缘子定额工程量；按工程量清单计价规范项目列项并计算母线、绝缘子清单工程量。

教学建议：参观认识实习母线、绝缘子，分组统计材料，列项计算定额工程量和清单工程量。

4.1 母线、绝缘子定额工程量计算

（1）悬式绝缘子安装　10kV以下悬式绝缘子安装以"10串"为单位计算。

（2）户内支持绝缘子安装　10kV以下户内支持绝缘子安装区别其不同孔数，分别以"10个"为单位计算。

（3）户外支持绝缘子安装　10kV以下户外支持绝缘子安装区别其不同孔数，分别以"10个"为单位计算。

（4）穿墙套管安装　10kV以下穿墙套管安装以"个"为单位计算。

（5）软母线安装　应按软母线的不同截面积，分别以"跨/三相"为单位计算。

（6）软母线引下线、跳线及设备连线安装　应按软母线引下线、跳线及设备连线的不同截面积，分别以"跨/三相"为单位计算。

（7）组合软母线安装　应按组合软母线的不同根数，分别以"组/三相"为单位计算。

（8）带形母线安装　应按带形母线的不同材质（铜或铝）、每相的不同片数和

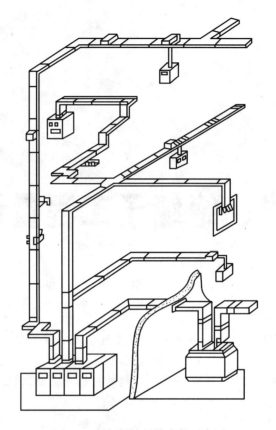

图 4-1 封闭插接母线安装示意图

截面积，分别以"10m/单相"为单位计算。

（9）带形母线引下线安装 应按带形母线引下线的不同材质（铜或铝）、每相的不同片数和截面积，分别以"10m/单相"为单位计算。

（10）带形母线用伸缩接头及铜过渡板安装 带形母线用伸缩接头的工程量，应区别其每相母线的不同片数，均以"个"为单位计算。铜过渡板的工程量以"块"为单位计算。

（11）槽形母线安装 应按槽形母线的不同规格和材质，分别以"10m/单相"为单位计算。

（12）槽形母线与设备连接 应按槽形母线与设备连接的不同名称，区别其不同连接头的个数，分别以"台（组）"为单位计算。

（13）共箱母线安装 应按共箱母线的不同材质（铜或铝），区别其不同规格和电压（箱体/导体），分别以"10m"为单位计算。

（14）低压封闭式插接母线槽安装 应按低压封闭式插接母线槽的每相不同电流，分别以"10m"为单位计算。

（15）封闭式母线槽进出分线箱安装 应按其进出分线箱的不同电流，分别以"台"为单位计算。

（16）重型母线安装 应按重型母线的不同材质，铜母线安装区别其不同截面

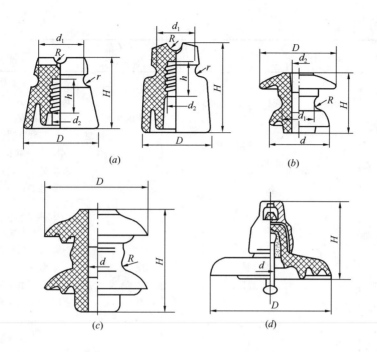

图 4-2 绝缘子
(a) 低压针式绝缘子；(b) 低压蝶式绝缘子；
(c) 高压蝶式绝缘子；(d) 高压悬式绝缘子

积；铝母线安装不分规格，但应区别其不同受电设备名称，均以"t"为单位计算。

(17) 重型母线伸缩器及导板制作安装　重型母线伸缩器制作安装的工程量，应按其不同材质和截面积，分别以"个"计算。导板制作安装应按不同材质，区别其阳极和阴极，均以"束"为单位计算。重型铝母线接触面加工应按其接触面的不同面积和规格，分别以"片/单相"为单位计算。

4.2　母线、绝缘子清单工程量计算规则

母线安装清单项目设置　　　　　　　　　　　　表 4-1

项目编码	项目名称	项目特征	计量单位	工程量计算规则	工程内容
030203001	软母线	1. 型号 2. 规格 3. 数量（跨/三相）	m	按设计图示尺寸以单线长度计算	1. 绝缘子耐压试验及安装 2. 软母线安装 3. 跳线安装

续表

项目编码	项目名称	项目特征	计量单位	工程量计算规则	工程内容
030203002	组合软母线	1. 型号 2. 规格 3. 数量（跨/三相）	m	按设计图示尺寸以单线长度计算	1. 绝缘子耐压试验及安装 2. 母线安装 3. 跳线安装 4. 两端铁构件制作、安装及支持瓷瓶安装 5. 油漆
030203003	带形母线	1. 型号 2. 规格 3. 材质	m	按设计图示尺寸以单线长度计算	1. 支持绝缘子，穿墙套管的耐压试验、安装 2. 穿通板制作、安装 3. 母线安装 4. 母线桥安装 5. 引下线安装 6. 伸缩节安装 7. 过度板安装 8. 刷分相漆
030203004	槽形母线	1. 型号 2. 规格	m	按设计图示尺寸以单线长度计算	1. 母线制作、安装 2. 与发电机变压器连接 3. 与断路器、隔离开关连接 4. 刷分相漆
030203005	共箱母线	1. 型号 2. 规格	m	按设计图示尺寸以长度计算	1. 安装 2. 进、出分线箱安装 3. 刷（喷）油漆（共箱母线）
030203006	低压封闭式插接母线槽	1. 型号 2. 容量（A）	m	按设计图示尺寸以长度计算	1. 安装 2. 进、出分线箱安装 3. 刷（喷）油漆（共箱母线）
030203007	重型母线	1. 型号 2. 容量（A）	t	按设计图示尺寸以重量计算	1. 母线制作、安装 2. 伸缩器及导板制作、安装 3. 支承绝缘子安装 4. 铁构件制作、安装

5 控制、继电保护工程量计算

关键知识点：控制、继电保护装置定额项目的划分及定额工程量计算规则；控制、继电保护装置清单项目的划分及清单工程量计算规则。

主要技能：按定额项目列项并计算控制、继电保护装置定额工程量；按工程量清单计价规范项目列项并计算控制、继电保护装置清单工程量。

教学建议：参观认识实习控制、继电保护装置，分组统计材料，列项计算定额工程量和清单工程量。

5.1 控制、继电保护定额工程量计算

（1）控制、继电、模拟及配电屏安装 应按控制、继电、模拟配电屏的不同名称，模拟屏区别其不同宽度，分别以"台"为单位计算。

（2）硅整流柜安装 应按硅整流柜的不同容量，分别以"台"为单位计算。

（3）可控硅柜安装 应按可控硅柜的不同功率，分别以"台"为单位计算。低压电容器柜的安装工程量以"台"为单位计算。

（4）直流屏及其他电气屏（柜）安装 应按励磁、灭磁、蓄电池、直流馈电屏、事故照明切换屏的不同名称，分别以"台"为单位计算。屏边的安装工程量以"台"为单位计算。

（5）端子箱、屏门安装 端子箱的安装工程量，应区别户外式和户内式，分别以"台"为单位计算。屏门安装的工程量均以"台"为单位计算。

（6）电器、仪表、小母线、分流器安装 电器、仪表安装的工程量，应按其不同名称，分别以"个"为单位计算。分流器安装的工程量，应按其不同规格，均以"个"为单位计算。小母线安装的工程量，以"10m"为单位计算。

(7) 基础型钢安装　应按基础型钢的不同种类和名称，分别以"10m"为单位计算。

(8) 穿通板制作安装　应按穿通板的不同材质和名称，分别以"块"为单位计算。

5.2 控制、继电保护清单工程量计算

控制设备及低压电器安装部分清单项目设置　　　　　　　　　表 5-1

项目编码	项目名称	项目特征	计量单位	工程量计算规则	工程内容
030204001	控制屏	1. 名称 2. 型号规格	台	按设计图示尺寸以数量计算	1. 基础槽钢制作、安装 2. 屏安装 3. 端子板安装 4. 焊、压接线端子 5. 盘柜配线 6. 小母线安装 7. 屏边安装
030204002	继电、信号屏	1. 名称 2. 型号规格	台	按设计图示尺寸以数量计算	1. 基础槽钢制作、安装 2. 屏安装 3. 端子板安装 4. 焊、压接线端子 5. 盘柜配线 6. 小母线安装 7. 屏边安装
030204003	模拟屏	1. 名称 2. 型号规格	台	按设计图示尺寸以数量计算	1. 基础槽钢制作、安装 2. 屏安装 3. 端子板安装 4. 焊、压接线端子 5. 盘柜配线 6. 小母线安装 7. 屏边安装
030204004	低压开关柜	1. 名称 2. 型号规格	台	按设计图示尺寸以数量计算	1. 基础槽钢制作、安装 2. 柜安装 3. 端子板安装 4. 焊、压接线端子 5. 盘柜配线安装 6. 屏边安装

续表

项目编码	项目名称	项目特征	计量单位	工程量计算规则	工程内容
030204005	配电（电源）屏	1. 名称 2. 型号规格	台	按设计图示尺寸以数量计算	1. 基础槽钢制作、安装 2. 柜安装 3. 端子板安装 4. 焊、压接线端子 5. 盘柜配线安装 6. 屏边安装
030204006	弱电控制返回屏	1. 名称 2. 型号规格	台	按设计图示尺寸以数量计算	1. 基础槽钢制作、安装 2. 屏安装 3. 端子板安装 4. 焊、压接线端子 5. 盘柜配线安装 6. 小母线安装 7. 屏边安装
030204007	箱式配电室	1. 名称 2. 型号规格 3. 质量	套	按设计图示数量计算	1. 基础槽钢制作、安装 2. 本体安装
030204008	硅整流柜	1. 名称 2. 型号 3. 容量"A"	台	按设计图示数量计算	1. 基础槽钢制作、安装 2. 盘柜安装
030204009	可控硅柜	1. 名称 2. 型号 3. 容量（kW）	台	按设计图示数量计算	1. 基础槽钢制作、安装 2. 盘柜安装
030204010	低压电容器柜	1. 名称 2. 型号规格	台	按设计图示数量计算	1. 基础槽钢制作、安装 2. 屏（柜）安装 3. 端子板安装 4. 焊、压接线端子安装 5. 盘柜配线 6. 小母线安装 7. 屏边安装
030204011	自动调节励磁屏	1. 名称 2. 型号规格	台	按设计图示数量计算	1. 基础槽钢制作、安装 2. 屏（柜）安装 3. 端子板安装 4. 焊、压接线端子安装 5. 盘柜配线 6. 小母线安装 7. 屏边安装

续表

项目编码	项目名称	项目特征	计量单位	工程量计算规则	工程内容
030204012	励磁灭磁屏	1. 名称 2. 型号规格	台	按设计图示数量计算	1. 基础槽钢制作、安装 2. 屏（柜）安装 3. 端子板安装 4. 焊、压接线端子安装 5. 盘柜配线 6. 小母线安装 7. 屏边安装
030204013	蓄电池屏（柜）	1. 名称 2. 型号规格	台	按设计图示数量计算	1. 基础槽钢制作、安装 2. 屏（柜）安装 3. 端子板安装 4. 焊、压接线端子安装 5. 盘柜配线 6. 小母线安装 7. 屏边安装
030204014	直流馈电屏	1. 名称 2. 型号规格	台	按设计图示数量计算	1. 基础槽钢制作、安装 2. 屏（柜）安装 3. 端子板安装 4. 焊、压接线端子安装 5. 盘柜配线 6. 小母线安装 7. 屏边安装
030204015	事故照明切换屏	1. 名称 2. 型号规格	台	按设计图示数量计算	1. 基础槽钢制作、安装 2. 屏（柜）安装 3. 端子板安装 4. 焊、压接线端子安装 5. 盘柜配线 6. 小母线安装 7. 屏边安装
030204016	控制台	1. 名称 2. 型号规格	台	按设计图示数量计算	1. 基础槽钢制作、安装 2. 台（箱）安装 3. 端子板安装 4. 焊、压接线端子 5. 盘柜配线 6. 小母线安装
030204017	控制箱	1. 名称 2. 型号规格	台	按设计图示数量计算	1. 基础槽钢制作、安装 2. 箱体安装

续表

项目编码	项目名称	项目特征	计量单位	工程量计算规则	工程内容
030204018	配电箱	1. 名称 2. 型号规格	台	按设计图示数量计算	1. 基础槽钢制作、安装 2. 箱体安装
030204019	控制开关	1. 名称 2. 型号 3. 规格	个	按设计图示数量计算	1. 安装 2. 焊压端子
030204020	低压熔断器	1. 名称 2. 型号规格	个	按设计图示数量计算	1. 安装 2. 焊压端子
030204021	限位开关	1. 名称 2. 型号规格	个	按设计图示数量计算	1. 安装 2. 焊压端子
030204022	控制器	1. 名称 2. 型号规格	台	按设计图示数量计算	1. 安装 2. 焊压端子
030204023	接触器	1. 名称 2. 型号规格	台	按设计图示数量计算	1. 安装 2. 焊压端子
030204024	磁力启动器	1. 名称 2. 型号规格	台	按设计图示数量计算	1. 安装 2. 焊压端子
030204025	Y-△自耦减压启动器	1. 名称 2. 型号规格	台	按设计图示数量计算	1. 安装 2. 焊压端子
030204026	电磁铁（电磁制动器）	1. 名称 2. 型号规格	台	按设计图示数量计算	1. 安装 2. 焊压端子
030204027	快速自动开关	1. 名称 2. 型号规格	台	按设计图示数量计算	1. 安装 2. 焊压端子
030204028	电阻器	1. 名称 2. 型号规格	台	按设计图示数量计算	1. 安装 2. 焊压端子
030204029	油浸频敏变阻器	1. 名称 2. 型号规格	台	按设计图示数量计算	1. 安装 2. 焊压端子
030204030	分流器	1. 名称 2. 型号 3. 容量（A）	台	按设计图示数量计算	1. 安装 2. 焊压端子
030204031	小电器	1. 名称 2. 型号 3. 规格	个/套	按设计图示数量计算	1. 安装 2. 焊压端子

【例 5-1】 某工程设计内容中，安装一台控制屏，该屏为成品，内部配线已做好，设计要求需做槽钢和进出的接线。试编制控制屏的工程量清单。

【解】 控制屏的工程量清单见下表：

控制屏的工程量清单

序号	项目编码	项目名称	项目特征描述	计量单位	工程数量
1	030204001001	控制屏	1. 名称：控制屏安装 2. 型号、规格：详图 3. 基础槽钢制作安装 4. 焊、压接线端子	台	1

6 蓄电池工程量计算

关键知识点：蓄电池定额项目的划分及定额工程量计算规则；蓄电池清单项目的划分及清单工程量计算规则。

主要技能：按定额项目列项并计算蓄电池定额工程量；按工程量清单计价规范项目列项并计算蓄电池清单工程量。

教学建议：参观认识实习蓄电池安装，分组统计材料，列项计算定额工程量和清单工程量。

6.1 蓄电池定额工程量计算

（1）蓄电池防震支架安装 应按蓄电池支架的不同结构形式，区别其不同安装方式（即单排式和双排式），分别以"10m"为单位计算。

（2）蓄电池安装 应按蓄电池的不同形式和容量，分别以"个"为单位计算。

（3）蓄电池充放电 应按蓄电池充放电的不同容量，分别以"组"为单位计算。

6.2 蓄电池清单工程量计算

蓄电池清单项目设置　　　　表6-1

项目编码	项目名称	项目特征	计量单位	工程量计算规则	工程内容
030205001	蓄电池	1. 名称 2. 型号 3. 容量	个	按设计图示数量计算	1. 防震支架安装 2. 本体安装 3. 充放电

7 动力、照明控制设备工程量计算

关键知识点：动力、照明控制设备定额项目的划分及定额工程量计算规则；动力、照明控制设备清单项目的划分及清单工程量计算规则。

主要技能：按定额项目列项并计算动力、照明控制设备定额工程量；按工程量清单计价规范项目列项并计算动力、照明控制设备清单工程量。

教学建议：参观认识实习动力、照明控制设备安装，分组统计材料，列项计算定额工程量和清单工程量。

7.1 动力、照明控制设备定额工程量计算

（1）配电盘、箱、板安装　配电盘（箱）安装的工程量，应区别动力和照明、安装方式（落地式和悬挂嵌入式）；小型配电箱和配电板的安装工程量应按不同半

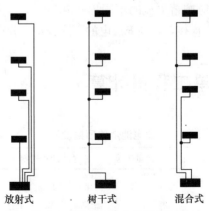

图 7-1　配电方式分类示意图

周长，分别以"台（块）"为单位计算（配电方式分类如图7-1）。

(2) 控制开关安装　控制开关安装的工程量应按不同种类和名称，其中：自动空气开关、D型开关应区别其不同形式；自动空气开关（DZ装置式和DW万能式）、刀型开关（手柄式和操作机构式），分别以"个"为单位计算。

(3) 熔断器、限位开关安装　熔断器安装应按不同形式（瓷插式、螺旋式、管式、防爆式）；限位开关应区别普通型和防爆型，分别以"个"为单位计算。

(4) 控制器、启动器、交流接触器安装　控制器安装应区别主令、鼓型、凸轮不同类型，启动器应区别磁力启动器和自耦减压启动器，分别以"台"为单位计算。

(5) 电阻器、变阻器安装　电阻器安装工程量应区别一箱和每增加一箱，以"箱"为单位计算。变阻器安装的工程量应区别油浸式和频敏式，以"台"为单位计算。

(6) 按钮、电笛、电铃安装　按钮和电笛的安装工程量，应区别普通型和防爆型，均以"个"为单位计算。电铃的安装工程量以"套"为单位计算。

(7) 水位电气信号装置安装　水位电气信号装置应区别机械式和电子式及液位式，分别以"套"为单位计算。

(8) 盘柜配线　盘柜配线的工程量应按导线的不同截面积，分别以"10m"为单位计算。

(9) 端子板安装及外部接线　端子板安装工程量以"组"为单位计算。端子板的外部接线，应按导线的不同截面积，并区别有端子或无端子，分别以"10个头"为单位计算。

(10) 焊、压接线端子　焊、压接线端子安装工程量，应按不同材质，区别其导线的不同截面积，分别以"10个头"为单位计算。

(11) 铁构件制作安装及箱、盘、盒制作　铁构件制作安装的工程量，应区别一般铁构件和轻型铁构件，以及箱、盒制作，分别以"100kg"为单位计算。

(12) 网门、保护网制作安装及二次喷漆　网门、保护网制作及二次喷漆的工程量，均以"m^2"为单位计算。

(13) 木配电箱制作　木配电箱制作区别木板配电箱和墙洞配电箱，以其不同半周长划分子目，分别以"套"为单位计算。

(14) 配电板制作、安装、木配电板包薄钢板　配电板制作区分木板、塑料板、胶木板，以"m^2"为单位计算。配电板安装区分半周长以"块"为单位计算。配电板木板包薄钢板以"m^2"为单位计算。

7.2 动力、照明控制设备清单工程量计算

成套控制箱、配电箱清单项目设置　　　　表 7-1

项目编码	项目名称	项目特征	计量单位	工程量计算规则	工程内容
030204017	控制箱	1. 名称 2. 型号规格	台	按设计图示数量计算	1. 基础槽钢制作、安装 2. 箱体安装
030204018	配电箱	1. 名称 2. 型号规格	台	按设计图示数量计算	1. 基础槽钢制作、安装 2. 箱体安装

【例 7-1】 如图所示,已知管线采用 BV（3×10+1×4）-SC32-DQA,配电箱高度 1.5m,配电箱 M1、M2（嵌入墙体安装）规格均为 800mm×800mm×150（宽×高×厚）,水平距离 10m。试计算控制设备的定额工程量与清单工程量。

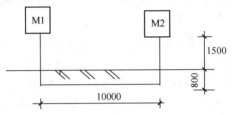

【解】
(1) 定额工程量计算:

序号	定额编号	项目名称	单位	工程量	工程量计算式
1	5B0271	成套配电箱 M1（嵌入式安装）	台	1	详图
2	5B0271	成套配电箱 M2（嵌入式安装）	台	1	详图

(2) 清单工程量计算:

序号	项目编码	项目名称	单位	工程量	工程量计算式
1	030204018001	配电箱 M1（嵌入式安装）	台	1	详图
2	030204018002	配电箱 M2（嵌入式安装）	台	1	详图

8 电机及调相机工程量计算

关键知识点：电机及调相机定额项目的划分及定额工程量计算规则；电机及调相机清单项目的划分及清单工程量计算规则。

主要技能：按定额项目列项并计算电机及调相机定额工程量；按工程量清单计价规范项目列项并计算电机及调相机清单工程量。

教学建议：参观认识实习电机及调相机安装，分组统计材料、列项计算定额工程量和清单工程量。

8.1 电机及调相机定额工程量计算

(1) 发电机及调相机检查接线 按发电机及调相机的不同形式（空冷式、氢冷和水氢式、水冷式），区别其不同容量（kW），分别以"台"为单位计算。励磁电阻器的安装工程量，以"台"为单位计算。

(2) 小型电机检查接线 小型直流电机、小型交流异步电机、小型交流同步电机、小型防爆式电机、小型立式电机应区别电机的不同功率（kW），分别以"台"为单位计算。

(3) 大中型电机检查接线 中型电机应按其不同质量（t），分别以"台"为单位计算。大型电机检查接线的工程量，以"t"为单位计算。

(4) 微型电机及变频机组检查接线 微型电机的检查接线工程量，以"台"为单位计算。变频机组应按其不同质量（kW），分别以"台"为单位计算。

(5) 电磁调速电动机检查接线 应按电磁调速电动机的不同功率（kW），以"台"为单位计算。

(6) 小型电机干燥 应按电机的不同功率，分别以"台"为单位计算。

(7) 大中型电机干燥　中型电机应按其不同质量（t），分别以"台"为单位计算。大型电机干燥的工程量，以"t"为单位计算。

(8) 同步电动机的检查接线　按交流电动机相应定额乘以系数 1.4 执行。

8.2　电机及调相机清单工程量计算

电机及调相机清单项目设置　　　　表 8-1

项目编码	项目名称	项目特征	计量单位	工程量计算规则	工程内容
030206001	发电机	1. 型号 2. 容量（kW）	台	按设计图示数量计算	1. 检查接线（包括接地） 2. 干燥 3. 调试
030206002	调相机	1. 型号 2. 容量（kW）	台	按设计图示数量计算	1. 检查接线（包括接地） 2. 干燥 3. 调试
030206003	普通小型直流电动机	1. 型号 2. 容量（kW） 3. 类型	台	按设计图示数量计算	1. 检查接线（包括接地） 2. 干燥 3. 系统调试
030206004	可控硅调速直流电动机	1. 型号 2. 容量（kW） 3. 类型	台	按设计图示数量计算	1. 检查接线（包括接地） 2. 干燥 3. 系统调试
030206005	普通交流同步电动机	1. 名称 2. 型号 3. 容量（kW） 4. 启动方式	台	按设计图示数量计算	1. 检查接线（包括接地） 2. 干燥 3. 系统调试
030206006	低压交流异步电动机	1. 名称 2. 型号 3. 类别 4. 容量（kW） 5. 控制保护方式	台	按设计图示数量计算	1. 检查接线（包括接地） 2. 干燥 3. 系统调试
030206007	高压交流异步电动机	1. 名称、型号 2. 容量（kW） 3. 保护类别	台	按设计图示数量计算	1. 检查接线（包括接地） 2. 干燥 3. 系统调试
030206008	交流变频调速电动机	1. 名称 2. 型号 3. 容量（kW）	台	按设计图示数量计算	1. 检查接线（包括接地） 2. 干燥 3. 系统调试

续表

项目编码	项目名称	项目特征	计量单位	工程量计算规则	工程内容
030206009	微型电机、电加热器	1. 名称 2. 型号规格	台	按设计图示数量计算	1. 检查接线（包括接地） 2. 干燥 3. 系统调试
030206010	电动机组	1. 名称、型号 2. 电动机台数 3. 联锁台数	组	按设计图示数量计算	1. 检查接线（包括接地） 2. 干燥 3. 系统调试
030206011	备用励磁机组	1. 名称 2. 型号	组	按设计图示数量计算	1. 检查接线（包括接地） 2. 干燥 3. 系统调试
030206012	励磁电阻器	1. 型号 2. 规格	台	按设计图示数量计算	1. 安装 2. 检查接线 3. 干燥

9 电缆工程量计算

关键知识点：电缆工程定额项目的划分及定额工程量计算规则；电缆工程清单项目的划分及清单工程量计算规则。

主要技能：按定额项目列项并计算电缆工程定额工程量；按工程量清单计价规范项目列项并计算电缆工程清单工程量。

教学建议：参观、认识、实习电缆工程安装，分组统计材料、列项计算定额工程量和清单工程量。

9.1 电缆定额工程量计算

（1）电缆沟挖填及人工开挖路面　电缆沟挖填应按不同土质（一般土沟、含

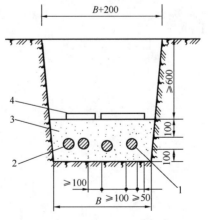

图 9-1　10kV 及以下电缆沟结构示意
1—10kV 及以下电力电缆；2—控制电缆；3—砂或软土；4—保护板

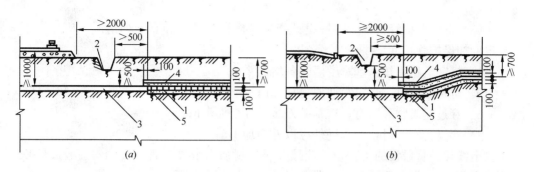

图 9-2 电缆与铁路、公路交叉敷设的做法
(a) 电缆与铁路交叉；(b) 电缆与公路交叉
1—电缆；2—排水沟；3—保护管；4—保护板；5—砂或软土

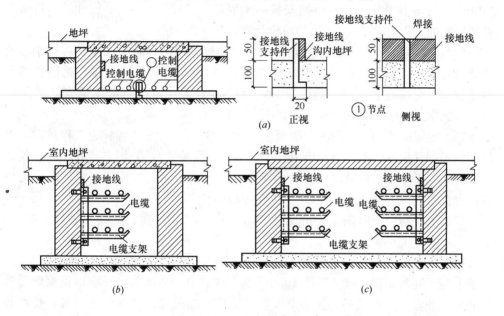

图 9-3 室内电缆沟
(a) 无支架；(b) 单侧支架；(c) 双侧支架

建筑垃圾土、泥水土冻土、石方），均以"m^3"为单位计算。人工开挖路面应按不同路面（混凝土路面、沥青路面、砂石路面），区别其不同厚度，分别以"m^2"为单位计算。

直埋电缆的挖、填土（石）方，除特殊要求外，可按表 9-1 计算。

直埋电缆的挖、填土（石）方　　　　表 9-1

项　目	电缆根数	
	1～2	每增加 1 根
每米沟长挖方量（m^3）	0.45	0.153

(2) 电缆沟盖板揭、盖工程量　按每揭或每盖一次以"100m"计算，如又揭又盖，则按两次计算。

(3) 电缆保护管长度　除按设计规定长度计算外，如有下列情况，应按以下规定增加保护管长度：

1) 横穿道路，按路基宽度两端各增加 2m；
2) 垂直敷设时，管口距地面增加 2m；
3) 穿过建筑物外墙时，按基础外缘以外增加 1m；
4) 穿过排水沟时，按沟壁外缘以外增加 1m；

电缆保护管敷设的工程量，应按其不同材质（混凝土管、石棉水泥管、铸铁管、钢管），区别其不同管径，分别以"10m"为单位计算。

(4) 桥架安装　钢制桥架安装、玻璃钢桥架安装、铝合金桥架安装应按其不同形式（槽式桥架、梯式桥架、托盘式桥架），区别其不同"宽＋高"，分别以"10m"为单位计算。组合式桥架安装的工程量以"100 片"为单位计算。桥架支撑架安装的工程量以"100kg"为单位计算。

(5) 塑料电缆槽、混凝土电缆槽安装　塑料电缆槽安装工程量，应按小型塑料槽（宽 50mm 以下）和加强式塑料槽（宽 100mm 以下），小型塑料槽区别其安装部位（盘后或墙上），分别以"10m"为单位计算。混凝土电缆槽安装的工程量，应区别其不同宽度，分别以"10m"为单位计算。

(6) 电缆防火涂料、堵洞、隔板及阻燃槽盒安装　防火墙洞的工程量，应按堵洞的不同部位（防火门、盘柜下、电缆隧道、保护管），分别以"处"为单位计算。防火隔板安装工程量以"m^2"为单位计算。防火涂料工程量以"10kg"为单位计算。阻燃槽盒安装工程量以"10m"为单位计算。

(7) 电缆防护　电缆防护的工程量，应区别防腐、缠石棉绳、刷漆、剥皮，分别以"10m"为单位计算。

(8) 电缆敷设　电缆敷设工程量应按不同材质（铝芯或铜芯）和安装方式，区别电缆不同截面积，以"单根 100m"为单位计算。电缆敷设长度应根据敷设路径的水平和垂直敷设长度，按表 9-2 规定计算附加长度，各附加（预留）长度部位如图 9-4 所示。其工程量计算公式为：

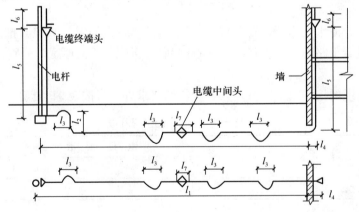

图 9-4　各附加（预留）长度部位

$$L = (l_1 + l_2 + l_3 + l_4 + l_5 + l_6 + l_7) \times (1 + 2.5\%)$$

式中，L 为电缆敷设工程量；l_1 为水平敷设长度；l_2 为垂直及斜长度；l_3 为余留（弛度）长度；l_4 为穿墙基及进入建筑物长度；l_5 为沿电杆、沿墙引上（引下）长度；l_6、l_7 为电缆中间头及电缆终端头长度；2.5% 为考虑电缆敷设弛度、波形弯曲、交叉的系数。

电缆敷设附加长度　　　　　　　表 9-2

序号	项　目	预留（附加）长度	说明
1	电缆敷设弛度、波形弯度、交叉	2.5%	按电缆全长计算
2	电缆进入建筑物	2.0m	规范规定最小值
3	电缆进入沟内或吊架时引上（下）预留	1.5m	规范规定最小值
4	变电所进线、出线	1.5m	规范规定最小值
5	电力电缆终端头	1.5m	检修余量最小值
6	电缆中间接头盒	两端各留 2.0m	检修余量最小值
7	电缆进控制、保护屏及模拟盘等	高+宽	按盘面尺寸

穿越电缆竖井敷设电缆，应按竖井内电缆的长度及穿越过竖井的电缆长度之和计算工程量。

（9）户内干包式电力电缆头、户内浇注式电力电缆终端头，户内热缩式电力电缆终端头制作与安装　应按电力电缆的中间头和终端头，区别其不同截面积，分别以"个"为单位计算。

（10）户外电力电缆终端头制作与安装　应按电力电缆的不同浇注形式和电压，区别其不同截面积，分别以"个"为单位计算。

（11）电力电缆中间头制作与安装　应按电力电缆的不同浇注方式和电压，区别其不同截面积，分别以"个"为单位计算。电力电缆中间头的制作数量，应按工程设计规定计算。如无设计规定，可参照制造厂的生产长度和敷设走径条件确定。

（12）控制电缆敷设　应按控制电缆的不同敷设方式，区别其不同芯数，分别以"100m"为单位计算。

（13）控制电缆头制作与安装　应按控制电缆的中间头和终端头，区别其不同芯数，分别以"个"为单位计算。

（14）电缆敷设及电缆头的制作与安装　均按有关铝芯电缆的定额执行；铜芯电缆的敷设按相应截面定额的人工和机械台班乘以系数 1.4 计算。电缆头的制作与安装按相应定额乘以系数 1.2 计算。

（15）电力电缆敷设　按电缆的单芯截面计算并套用定额，不得将三芯和零线截面相加计算。电缆头的制作与安装定额亦与此相同。

（16）单芯电缆敷设　可按同截面的三芯电缆敷设定额基价，乘以系数 0.66

计算。

(17) 37芯以下控制电缆敷设 套用35mm² 以下电力电缆敷设定额。

9.2 电缆清单工程量计算

(1) 清单项目设置

电缆工程量清单项目设置见表9-3。

电缆工程量清单项目设置　　　　　表9-3

项目编码	项目名称	项目特征	计量单位	工程量计算规则	工程内容
030208001	电力电缆	1. 型号 2. 规格 3. 敷设方式	m	按设计图示尺寸以长度计算	1. 揭（盖）盖板 2. 电缆敷设 3. 电缆头制作、安装 4. 过路保护管敷设 5. 防火堵洞 6. 电缆防护 7. 电缆防火隔板 8. 电缆防火涂料
030208002	控制电缆	1. 型号 2. 规格 3. 敷设方式	m	按设计图示尺寸以长度计算	1. 揭（盖）盖板 2. 电缆敷设 3. 电缆头制作、安装 4. 过路保护管敷设 5. 防火堵洞 6. 电缆防护 7. 电缆防火隔板 8. 电缆防火涂料
030208003	电缆保护管	1. 材质 2. 规格	m	按设计图示尺寸以长度计算	保护管敷设
030208004	电缆桥架	1. 型号、规格 2. 材质 3. 类型	m	按设计图示尺寸以长度计算	1. 制作、除锈、刷油 2. 安装
030208005	电缆支架	1. 材质 2. 规格	t	按设计图示质量计算	1. 制作、除锈、刷油 2. 安装

设置清单项目时需注意以下几个方面。

1) 电缆敷设项目的规格指电缆截面；电缆保护管敷设项目的规格指管径；电缆桥架项目的规格指宽加高的尺寸，同时要表述材质（钢制、不锈钢制或铝合金制）和类型（槽式、梯式、托盘式、组合式等）；电缆阻燃盒项目的特征是型号、规格（尺寸）。

2) 电缆沟土方工程量清单按《建设工程工程量清单计价规范》附录 A 设置编码。项目表述时，要表明沟的平均深度、土质和铺砂盖砖的要求。

3) 电缆敷设需要综合的项目很多，一定要描述清楚。如工程内容一栏所示：揭（盖）盖板；电缆敷设；电缆终端头、中间头制作、安装；过路、过基础的保护管；防火洞、防火隔板安装、电缆防火涂料；电缆防护、防腐、缠石棉绳、刷漆。

(2) 清单项目工程量计算

1) 电缆按设计图示单根尺寸计算，桥架按设计图示中心线长度计算，支架按设计图示质量计算。

2) 电缆敷设中所有预留量，应按设计要求或规范规定的长度，考虑在综合单价中，而不作为清单工程量。

【例 9-1】 某氮气站动力安装工程如图 9-5、图 9-6 所示：

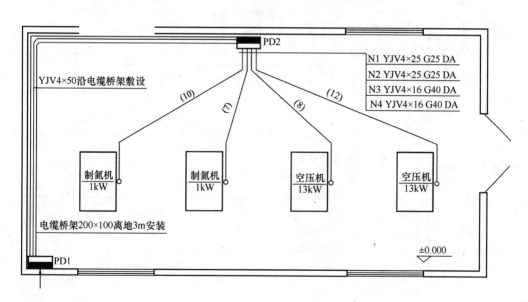

图 9-5 氮气站动力平面图

说明：

1. 动力配电箱 PD1、PD2 为落地式安装，其尺寸为 900mm×2000mm×600mm（宽×高×厚）。
2. 配管水平长度见图示括号内数字，单位为米。

(1) PD1、PD2 均为定型动力配电箱，落地式安装，基础型钢用 10 号槽钢制作，其重量为 10kg/m。

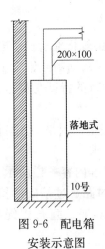

图 9-6 配电箱安装示意图

(2) PD1 至 PD2 电缆沿桥架敷设，其余电缆均穿钢管敷设。埋地钢管标准高为 −0.2m，埋地钢管至动力配电箱出口处高出地坪 +0.1m。

(3) 4 台设备基础标高均为 +0.3m，至设备电机处的配管管口高出基础面 0.2m，均连接 1 根长 0.8m 同管径的金属软管。

(4) 计算电缆长度时不计算电缆敷设弛度、波形弯度和交叉的附加长度，连接电机处，出管口后电缆的预留长度为 1m，电缆头为户内干包式，其附加长度不计。

(5) 钢制电缆桥架（200×100）的水平长度为 22m。

根据图示内容、SGD5—2000 及《建设工程工程量清单计价规范》的规定，计算相关项目的定额工程量和清单工程量。

【解】 (1) 定额工程量计算表：

定额工程量计算

序号	定额编号	项目名称	单位	工程量	工程量计算式
1	5B0267	成套配电箱（落地式安装）	台	2	详图
2	5B0370	基础槽钢制作	kg	60	(0.9+0.6)×2×10×2 台=60
3	5B0368	基础槽钢安装	kg	60	同上
4	5B0558	钢制电缆桥架安装 200×100	m	23.8	[3−(2+0.1)]×2+22=23.8
5	5B0637	铜芯电力电缆 YJV4×50 沿桥架敷设	m	33.42	[23.8+(2.9+1.5)×2]×(1+2.5%)=33.42
6	5B1038	电气配管 G25 电缆保护管，暗配	m	19	(0.1+0.2+10+0.2+0.3+0.2)+(0.1+0.2+7+0.2+0.3+0.2)=19
7	5B0636	铜芯电缆 YJV4×25 穿钢管敷设	m	33.62	[19+(2.9+1+1.5×2 个)×2]×(1+2.5%)=33.62
8	5B1040	电气配管 G40 电缆保护管，暗配	m	22	(0.1+0.2+8+0.2+0.3+0.2)+(0.1+0.2+12+0.2+0.3+0.2)=22
9	5B0636	铜芯电缆 YJV4×16 穿钢管敷设	m	36.70	[22+(2.9+1+1.5×2 个)×2]×(1+2.5%)=36.70
10	5B0951	电机检查接线及调试 低压交流异步电动机（1kW）	台	2	详图
11	5B0952	电机检查接线及调试 低压交流异步电动机（13kW）	台	2	详图

续表

序号	定额编号	项目名称	单位	工程量	工程量计算式
12	5B0646 换	电缆终端头制作安装 YJV-4×25(干包式)	个	4	详图
13	5B0646 换	电缆终端头制作安装 YJV-4×16(干包式)	个	4	详图

(2) 清单工程量计算表:

项目编码	项目名称	单位	工程量	工程量计算式
030204018001	配电箱(落地式安装)	台	2	详图
030212001001	电气配管 G25 钢管暗敷	m	19	(0.1+0.2+10+0.2+0.3+0.2)+(0.1+0.2+7+0.2+0.3+0.2)=19
030212001002	电气配管 G40 钢管暗敷	m	22	(0.1+0.2+8+0.2+0.3+0.2)+(0.1+0.2+12+0.2+0.3+0.2)=22
030208001001	电力电缆 YJV4×25 穿管敷设	m	19	(0.1+0.2+10+0.2+0.3+0.2)+(0.1+0.2+7+0.2+0.3+0.2)=19
030208001002	电力电缆 YJV4×16 穿管敷设	m	22	(0.1+0.2+8+0.2+0.3+0.2)+(0.1+0.2+12+0.2+0.3+0.2)=22
030208001003	电力电缆 YJV4×50 沿桥架敷设	m	23.8	[3−(2+0.1)]×2+22=23.8
030208004001	钢制桥架 200×100	m	23.8	[3−(2+0.1)]×2+22=23.8
030206006001	电机检查接线及调试低压交流异步电动机(1kW)	台	2	详图
030206006002	电机检查接线及调试低压交流异步电动机(13kW)	台	2	详图

【例 9-2】 建筑内某低压配电柜与配电箱之间的水平距离为 20m,配电线路采用五芯电力电缆 VV-3×25+2×16,在电缆沟内敷设,电缆沟的深度为 1m,宽度为 0.8m,配电柜为落地式,配电箱为悬挂嵌入式,箱底边距地面为 1.5m。试编制电力电缆的工程量清单。

【解】 清单工程量:20(箱与柜的水平距离)+1(柜底至沟底)+1(沟底至地面)+1.5(地面至箱底)=23.5m

电力电缆的工程量清单见下表:

电力电缆的工程量清单

序号	项目编码	项目名称	项目特征	计量单位	工程数量
1	030208001001	电力电缆	1. 型号：铜芯电力电缆 2. 规格：VV-3×25+2×16 3. 敷设方式：沟内敷设	m	23.5

10 配管、配线工程量计算

关键知识点：配管、配线工程定额项目的划分及定额工程量计算规则；配管、配线工程清单项目的划分及清单工程量计算规则。

主要技能：按定额项目列项并计算配管、配线工程定额工程量；按工程量清单计价规范项目列项并计算配管、配线工程清单工程量。

教学建议：参观认识实习配管、配线工程安装，分组统计材料、列项计算定额工程量和清单工程量。

10.1 配管、配线定额工程量计算

(1) 各种配管工程量 以管材质、规格和敷设方式不同，以"100m"为单位计算，不扣除管路中的接线箱（盒）、灯头盒，开关盒等所占长度。

1) 水平方向敷设的线管，以施工平面图的线管走向和敷设部位为依据，并借用建筑平面图所示墙、柱轴线尺寸进行线管长度的计算。当线管沿墙暗敷时，按相关墙轴线尺寸计算该配管长度；当线管沿墙明敷时，按相关墙面净空长度计算该配管长度。

2) 垂直方向敷设的管（沿墙、柱引上或引下），其工程量计算与楼层高度及与配电箱、柜、盘、板、开关等设备安装高度有关。无论配管明敷或暗敷均按规范计算线管长度。

需要注意的是，在顶棚内配管时应执行明配管的定额。在空心板内穿线时可按"管内穿线"定额执行。

(2) 管内穿线工程量 应区别线路性质、导线材质、导线截面，以"100m单线"为单位计算。配线进入开关箱、柜、板的预留线按表10-1规定的长度分别计

入相应工程量。

配线进入开关箱、柜、板的预留线（每根线）　　　　表 10-1

序号	项　　目	预留长度	说　　明
1	各种开关、柜、板	宽+高	盘面尺寸
2	单独安装（无箱、盘）的铁壳开关、闸刀开关、启动器、线槽进出线盒	0.3m	从安装对象中心算起
3	由地面管子出口引至动力接线箱	1.0m	从管口算起
4	电源与管内导线连接（管内穿线与软、硬母线接点）	1.5m	从管口算起
5	出户线	1.5m	从管口算起

管内穿线长度＝（配管长度＋导线预留长度）×同截面导线根数

（3）瓷夹板配线、塑料夹板配线　应按导线的不同型号、规格和不同敷设方式（沿木结构和沿砖、混凝土结构及沿砖、混凝土结构粘结）和二线式及三线式，区别其导线的不同截面积，分别以"100m 线路"为单位计算。

（4）绝缘子配线工程量　应区别绝缘子形式（针式、鼓形、蝶式）、绝缘子配线位置（沿屋架、梁、柱、墙，跨屋架、梁、柱、木结构、顶棚内、砖、混凝土结构，沿钢支架及钢索）、导线截面积，以"100m 线路"为单位计算。

（5）槽板配线工程量　应区别槽板材质（木槽板、塑料槽板）、配线位置（沿木结构、沿混凝土结构）、导线截面、线式（二线式及三线式），以"100m 线路"为单位计算。

（6）塑料护套线明敷设　应按导线的不同型号、规格和不同敷设方式（沿木结构、沿砖、混凝土结构、钢索以及沿砖、混凝土结构粘结）和二芯及三芯，区别其导线的不同截面积，分别以"100m"为单位计算。

（7）线槽配线　应按导线的型号、规格，区别其导线的不同截面积，分别以"100m 单线"为单位计算。

（8）钢索架设　应按圆钢架设和钢丝绳架设，区别其导线的不同直径，分别以"100m"为单位计算。

（9）母线拉紧装置及钢索拉紧装置制作与安装　母线拉紧装置的工程量，应按母线的不同截面积，分别以"10 套"为单位计算。钢索拉紧装置的工程量，应按花兰螺栓的不同直径，分别以"10 套"为单位计算。

（10）车间带形母线安装　应按带形母线的不同材质和规格及不同敷设方式（沿屋架、梁、柱、墙，跨屋架、梁、柱），区别其母线的不同截面积，分别以"100m"为单位计算。

（11）动力配管混凝土地面刨沟　应按动力配管的不同管径，分别以"100m"为单位计算。

（12）接线箱安装　应按其不同安装方式（明装和暗装），区别其接线箱的不同半周长，分别以"10 个"为单位计算。

(13) 接线盒安装 应区别接线盒、开关盒、普通接线盒、防爆接线盒、钢索上接线盒，按其不同的安装方式（暗装和明装），分别以"10 个"为单位计算。

10.2 配管、配线清单工程量计算

10.2.1 清单项目设置

配管、配线工程量部分清单项目设置见表 10-2。

配管、配线工程量部分清单项目设置　　　　表 10-2

项目编码	项目名称	项目特征	计量单位	工程量计算规则	工程内容
030212001	电气配管	1. 名称 2. 材质 3. 规格 4. 配置形式及部位	m	按设计图示尺寸以延长米计算。不扣除管路中间的接线箱（盒）、灯头盒、开关盒所占长度	1. 刨沟槽 2. 钢索架设（拉紧装置安装） 3. 支架制作、安装 4. 电线管路敷设 5. 接线盒（箱）、灯头盒、开关盒、插座盒安装 6. 防腐油漆 7. 接地
030212002	线槽	1. 材质 2. 规格	m	按设计图示尺寸以延长米计算	1. 安装 2. 油漆
030212003	电气配线	1. 配线形式 2. 导线型号、材质、规格 3. 敷设部位或线制	m	按设计图示尺寸以单线延长米计算	1. 支持体（夹板、绝缘子、槽板等）安装 2. 支架制作、安装 3. 钢索架设（拉紧装置安装） 4. 配线 5. 管内穿线

设置清单项目时需注意以下几个方面：

1) 在配管清单项目中，名称和材质有时是一体的，如钢筋敷设，"铜管"既是名称，又代表了材质。规格指管的直径，如 $DN25$。配置形式表示明配或暗配。部位表示敷设位置：①砖、混凝土结构上；②钢结构支架上；③钢索上；④钢模板内；⑤顶棚内；⑥埋地敷设。

2) 在配线工程中，清单项目名称要紧紧与配线形式连在一起，因为配线的方式会决定选用什么样的导线，因此对配线形式的表述更显得重要。

配线形式有：①管内穿线；②瓷夹板或塑料夹板配线；③鼓形、针式、蝶式

绝缘子配线；④木槽板或塑料槽板配线；⑤塑料护套线明敷设；⑥线槽配线。

电气配线项目特征中的"敷设部位"一般指：①木结构上；②砖、混凝土结构上；③顶棚内；④支架或钢索上；⑤沿屋架、梁、柱；⑥跨屋架、梁、柱。"敷设线制"主要指线的量，差别很大，且辅材也不一样，因此要描述线制。

3）金属软管敷设不单独设清单项目，在相关设备安装或电机检查接线清单项目的综合单价中考虑。

4）根据配管工艺的需要和计量的连续性，规范的接线箱（盒）、开关盒、灯头盒综合在配管工程中，关于接线盒、拉线盒的设置按施工及验收规范的规定执行。

10.2.2 清单项目工程量计算

（1）电气配管 按设计图示尺寸以"m"计算，不扣除管路中间的接线箱（盒）、灯头盒、开关盒所占长度，计算方法与本章第二节"一、工程量计算规则"中线管配工程量相同。

1）配管工程量一般是从配电箱算起，沿各回路计算。

2）水平方向敷设的线管，当沿墙暗敷设时，按相关墙轴线尺寸计算；沿墙明敷时，按相关墙面净空尺寸计算。

3）在顶棚内敷设，或者在地坪内暗敷，可用比例尺测量，或按设计定位尺寸计算。

4）垂直方向敷设的线管，其工程量计算与楼层高度及箱、柜、盘、板、开关等设备安装高度有关。

（2）线槽 按设计图示尺寸以"m"计算。

（3）电气配线 按设计图示以"m单线"计算。在配线工程中，所有的预留量（指与设备连接）均不作为清单工程量，但应把依据设计要求或施工及验收规范规定的长度考虑在综合单价中。管内穿线工程量计算方法：

$$管内穿线长度＝配管长度×同截面导线根数$$

【例10-1】 如图所示，已知两配电箱之间线路采用 BV（3×10＋1×4）-SC32-DQA，配电箱 M1、M2 规格均为 800×800×150（宽×高×厚），悬挂嵌入式安装，配电箱底边距地高度1.50m，水平距离 10m。试列表计算图中项目定额工程量与清单工程量。

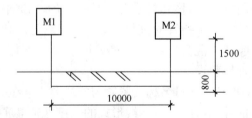

【解】 （1）定额工程量计算表

定额工程量计算

序号	定额编号	项目名称	单位	工程量	工程量计算式
1	5B0271	成套配电箱 M1	台	1	详图
2	5B0271	成套配电箱 M2	台	1	详图
3	5B1039	电气配管：SC32，砖混结构暗配	m	14.6	(1.5+0.8)×2+10=14.6
4	5B1207	电气配线：管内穿线 BV-4mm² 照明线路	m单线	17.8	(14.6+1.6×2)×1根=17.8
5	5B1235	电气配线：管内穿线 BV-10mm² 照明线路	m单线	53.4	17.8×3根=53.4

(2) 清单工程量计算表：

清单工程量计算

项目编码	项目名称	单位	工程量	工程量计算式
030204018001	配电箱 照明配电箱，M1 嵌入安装	台	1	详图
030204018002	配电箱 照明配电箱，M2 嵌入安装	台	1	详图
030212001001	电气配管 镀锌钢管，SC32 暗配	m	14.6	(1.5+0.8)×2+10=14.6
030212003001	电气配线： 管内穿绝缘导线 BV-4mm²	m	14.6	(1.5+0.8)×2+10=14.6
030212003002	电气配线： 管内穿绝缘导线 BV-10mm²	m	43.8	[(1.5+0.8)×2+10]×3根=43.8

【例 10-2】 某贵宾室照明系统中一回路如图所示，镀锌钢管沿砖、混凝土结构暗配，管内穿阻燃绝缘导线，ZRBV-1.5mm²，接线盒暗装，开关盒暗装，根据图示内容，计算定额工程量与清单工程量。

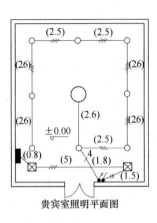

说明：
1. 照明配电箱 AZM 电源由本层总配电箱引来，配电箱为嵌入式安装。
2. 管路均为镀锌钢管 $\phi20$ 沿墙、顶板暗配，顶管敷管标高 4.50m；管内穿阻燃绝缘导线 ZRBV-1.5mm²。
3. 开关控制装饰灯 PZS-164 为隔一控一。
4. 水平长度见图示括号内数字，单位为 m。

贵宾室照明平面图

序号	图例	名称、型号、规格	备注
1	○	装饰灯 XDCZ-50 8×100W	吸顶
2	○	装饰灯 FZS-164 1×100W	吸顶
3		单联单控开关（暗装）10A、250V	安装高度1.4m
4		三联单控开关（暗装）10A、25、10A、250V	安装高度1.4m
5	⊠	排风扇 300×300 1×60W	吸顶
6	■	照明配电箱 AZM 300mm×200mm×120mm（宽×高×厚）	箱底标高 1.6m

【解】（1）定额工程量计算表：

定额工程量计算

序号	定额编号	项目名称	单位	工程量	工程量计算式
1	5B0268	照明配电箱 AZM 嵌入式安装	台	1	详图
2	5B1037	电气配管 DN20 镀锌钢管、砖混结构暗配	m	38.5	水平：0.8+5+1.5+1.8+2.6+2.5+2.6×4+2.5×2 垂直：(4.5−1.6−0.2)+(4.5−1.4)×2
3	5B1206	电气配线 管内穿线 ZRBV-1.5mm² 照明线路	m 单线	108.7	(38.5+0.5)×2+1.5+1.8×2+2.5+2.6×2+2.5×2+2.6+(4.5+1.4)×2=108.7
4	5B1515	装饰灯 FZS-164，1×100W 吸顶安装	套	8	详图
5	5B1517	装饰灯 XDCZ-50，8×100W 吸顶安装	套	1	详图
6	5B1659	单控单联暗开关 10A，250V	套	1	详图
7	5B1661	单控三联暗开关 10A，250V	套	1	详图
8	5B1390	开关盒安装	个	2	详图
9	5B1390	灯头盒安装	个	11	详图
10	5B1726	吸顶式排风扇安装	台	2	详图

（2）清单工程量计算表：

清单工程量计算

项目编码	项目名称	单位	工程量	工程量计算式
030204018001	配电箱 照明配电箱，AZM 嵌入安装	台	1	详图
030212001001	电气配管 镀锌钢管，DN20 暗配，灯头盒 11 个，开关盒 2 个	m	38.5	水平：$0.8+5+1.5+1.8+2.6+2.5+2.6\times4+2.5\times2$ 垂直：$(4.5-1.6-0.2)+(4.5-1.4)\times2$
030212003001	电气配线 管内穿绝缘导线 ZRBV-1.5mm²	m	107.7	$38.5\times2+1.5+1.8\times2+2.5+2.6\times2+2.5\times2+2.6+(4.5+1.4)\times2=107.7$
030204031001	小电器 单控单联暗开关 10A，250V	个	1	详图
030204031002	小电器 单控三联暗开关 10A，250V	个	1	详图
030213003001	装饰灯 装饰灯 FZS-164　1×100W 吸顶安装	套	8	详图
030213003002	装饰灯 装饰灯 XDCZ-50，8×100W 吸顶安装	套	1	详图
030204031003	小电器 排风扇安装 300×300；1×60W 吸顶安装	台	2	详图

11 照明灯具工程量计算

关键知识点：照明灯具定额项目的划分及定额工程量计算规则；照明灯具清单项目的划分及清单工程量计算规则。

主要技能：按定额项目列项并计算照明灯具定额工程量；按工程量清单计价规范项目列项并计算照明灯具清单工程量。

教学建议：参观认识实习照明灯具安装，分组统计材料、列项计算定额工程量和清单工程量。

11.1 照明灯具定额工程量计算

(1) 普通灯具安装

1) 吸顶灯具安装的工程量，应按灯具的种类（圆球罩吸顶灯、半圆球罩吸顶灯、方形吸顶灯）、型号、规格，区别圆球罩灯的不同灯罩直径和矩形罩及大口方罩，分别以"10 套"为单位计算。

2) 其他普通灯具安装的工程量，应按灯具的种类、型号、规格，区别软线吊灯、吊链灯、防水吊灯、一般弯脖灯、一般壁灯，分别以"10 套"为单位计算。软线吊灯、吊链灯的安装定额已含吊线盒，不得另计。

3) 灯头安装的工程量，应按防水灯头、节能座灯头、座灯头，分别以"10 套"为单位计算。

(2) 装饰灯具安装

1) 吊式艺术装饰灯具的安装工程量，应按灯具的种类［蜡烛灯、挂片灯、串珠（穗）、串棒灯、吊杆式组合灯、玻璃罩灯（带装饰）］、型号和规格，区别其不同灯体直径和灯体垂吊长度，分别以"10 套"为单位计算。

2）吸顶式艺术装饰灯具安装的工程量，应按灯具的种类［串珠（穗）、串棒灯（圆形）、挂片、挂碗、挂吊碟灯（圆形）、串珠（穗）、串棒灯（矩形）、挂片、挂碗、挂吊碟灯（矩形）、玻璃罩灯（带装饰）］、型号和规格，区别其不同灯体直径、灯体垂吊长度、灯体半周长，分别以"10套"为单位计算。

(3) 荧光艺术装饰灯具安装

1）组合荧光灯光带的安装工程量，应按吊杆式、吸顶式、嵌入式及光带的型号和规格，区别其灯管的不同根数，分别以"10m"为单位计算。

2）内藏组合式灯的安装工程量，应按其不同组合形式（方形组合、日形组合、田字组合、六边组合、锥形组合、双管组合、圆管光带）、型号和规格，分别以"10m"为单位计算。

3）发光棚安装应按发光棚灯、立体广告灯箱、荧光灯光沿的不同型号和规格，分别以"10m²"为单位计算。

4）几何形状组合艺术灯具安装的工程量，应按其灯具的种类［单点固定灯具（繁星六火）、四点固定灯具（繁星十六火）、四点固定灯具（繁星四十火）、四点固定灯具（繁星一百火）、单点固定灯具（钻石星五火）、星形双火灯、礼花灯、玻璃罩钢架组合灯、凸片单火灯、凸片四火灯（以内）、凸片十八火灯（以内）、凸片二十八火灯（以内）、反射柱灯、筒形钢架灯、U形组合灯、弧形管组合灯］和不同型号和规格，分别以"10套"为单位计算。

5）标志、诱导装饰灯具安装的工程量，应按灯具的不同安装方式（吸顶式、吊杆式、墙壁式、嵌入式）和灯具型号及规格，分别以"10套"为单位计算。

6）水下艺术装饰灯具安装的工程量，应按灯具的种类［彩灯（简易形）、彩灯（密封形）、喷水池灯、幻光型灯］、型号及规格，分别以"10套"为单位计算。

7）点光源艺术装饰灯具安装的工程量，应按吸顶式、嵌入式、射灯的型号和规格，嵌入式灯具区别其灯具的不同直径；射灯区别其吸顶式和滑轨式，分别以"10套"为单位计算。滑轨的安装工程量以"10m"为单位计算。

8）草坪灯具安装的工程量，应按灯具不同安装方式（立柱式和墙壁式）和型号规格，分别以"10套"为单位计算。

9）歌舞厅灯具安装的工程量，应按其灯具的种类［变色转盘灯、镭射灯、十二头幻影转彩灯、维纳斯旋转彩灯、卫星旋转效果灯、飞碟旋转效果灯、八头转灯、十八头转灯、滚筒灯、频闪灯、太阳灯、雨灯、歌星灯、边界灯、射灯、泡泡发生灯、迷你满天星彩灯、迷你单立盘彩灯、宇宙灯（单排20头）、宇宙灯（双排20头）、镜面球灯、蛇光管、满天星彩灯、彩虹灯］和型号及规格，除彩虹灯以"台"为单位计算，蛇光管和满天星彩灯以"10m"为单位计算外，其余灯具均以"10套"为单位计算。

(4) 荧光灯具安装 应按组装型和成套型及不同安装方式（吊链式、吊管式、吸顶式），并按荧光灯具的不同型号和规格，区别荧光灯管的不同数量（单管、双管、三管），分别以"10套"为单位计算。

荧光灯具电容器安装的工程量，以"10套"为单位计算。

组装型荧光灯为所采购的灯具均为散件，需要在现场组装、接线的荧光灯。如果所采购灯具的灯脚、整流器等已装好并联接好导线，则为成套型荧光灯。

吊链式成套日光灯具的安装定额中未计价材料除包括成套灯具本身价值外，每套内还包括两根（共8m长）吊链和两个吊线盒。

(5) 工厂灯及防水防尘灯安装　应按其灯具的不同种类、型号和规格，分别以"10套"为单位计算。高压水银灯镇流器安装的工程量以"10套"为单位计算。

(6) 工厂其他灯具安装　应按其灯具的不同种类、型号和规格，分别以"10套"为单位计算。烟囱、水塔、独立式塔架标志灯安装应按其灯具的不同高度，均以"10套"为单位计算。

(7) 医院灯具安装　应按其灯具的不同种类、型号和规格，分别以"10套"为单位计算。

(8) 路灯安装　应按路灯的不同种类、型号和规格，区别其不同灯口数量和臂长，分别以"10套"为单位计算。

(9) 开关、按钮、插座安装　拉线开关、扳式开关（明装）、密闭开关的安装工程量均以"10套"为单位计算。扳式暗开关安装的工程量，应区别不同联数（单联、双联、三联、四联），均以"10套"为单位计算。一般按钮应按不同型号和规格，区别其不同安装方式（明装或暗装），分别以"10套"为单位计算。

(10) 安全变压器、电铃、风扇安装　安全变压器安装应按不同容量，均以"台"为单位计算。电铃安装应按不同直径，电铃号牌箱安装应按不同号数，分别以"套"为单位计算。门铃安装应按明装或暗装，分别以"10个"为单位计算。吊扇和壁扇及轴流排风扇的安装工程量，均以"台"为单位计算。

(11) 盘管风机开关、请勿打扰灯、须刨插座、钥匙取电器安装　工程量均以"10套"为单位计算。

11.2　照明灯具清单工程量计算

11.2.1　清单项目设置

照明器具安装工程量清单项目设置见表11-1。

照明器具安装工程量清单项目设置　　　　表11-1

项目编码	项目名称	项目特征	计量单位	工程量计算规则	工程内容
030213001	普通吸顶灯及其他灯具	1. 名称、型号 2. 规格	套	按设计图示数量计算	1. 支架制作、安装 2. 组装 3. 油漆

续表

项目编码	项目名称	项目特征	计量单位	工程量计算规则	工程内容
030213002	工厂灯	1. 名称、型号 2. 规格 3. 安装形式及高度	套	按设计图示数量计算	1. 支架制作、安装 2. 组装 3. 油漆
030213003	装饰灯	1. 名称 2. 型号 3. 规格 4. 安装高度	套	按设计图示数量计算	1. 支架制作、安装 2. 安装
030213004	荧光灯	1. 名称 2. 型号 3. 规格 4. 安装形式	套	按设计图示数量计算	安装
030213005	医疗专用灯	1. 名称 2. 型号 3. 规格	套	按设计图示数量计算	安装
030213006	一般路灯	1. 名称 2. 型号 3. 灯杆材质及高度 4. 灯架形式及臂长 5. 灯杆形式	套	按设计图示数量计算	1. 基础制作、安装 2. 立灯杆 3. 杆座安装 4. 灯架安装 5. 引下线支架制作、安装 6. 焊压接线端子 7. 铁构制作、安装 8. 除锈、刷油 9. 灯杆编号 10. 接地
030213007	广场灯安装	1. 灯杆材质及高度 2. 灯架的型号 3. 灯头数量 4. 基础形式及规格	套	按设计图示数量计算	1. 基础浇筑（包括土石方） 2. 立灯杆 3. 杆座安装 4. 灯架安装 5. 引下线支架制作、安装 6. 焊压接线端子 7. 铁构件制作、安装 8. 除锈、刷油 9. 灯杆编号 10. 接地

续表

项目编码	项目名称	项目特征	计量单位	工程量计算规则	工程内容
030213008	高杆灯安装	1. 灯杆高度 2. 灯架形式 3. 灯头数量 4. 基础形式及规格	套	按设计图示数量计算	1. 基础浇筑（包括土石方） 2. 立杆 3. 灯架安装 4. 引下线支架制作、安装 5. 焊压接线端子 6. 铁构件制作、安装 7. 除锈、刷油 8. 灯杆编号 9. 升降机构接线调试 10. 接地
030213009	桥栏杆灯	1. 名称 2. 型号 3. 规格 4. 安装形式	套	按设计图示数量计算	1. 支架、铁构件制作、安装、油漆 2. 灯具安装
030213010	地道涵洞灯	1. 名称 2. 型号 3. 规格 4. 安装形式	套	按设计图示数量计算	1. 支架、铁构件制作、安装、油漆 2. 灯具安装

1) 普通吸顶灯及其他灯具安装中，铁构件指一般铁构件和轻型铁构件，灯具主要有圆球吸顶灯、半圆球吸顶灯、方形吸顶灯、软线吊灯、吊链灯、防水吊灯、一般弯脖灯、一般壁灯、防水灯头、节能座灯头等。吸顶灯的规格对于圆球罩灯指不同灯罩直径，方形罩指矩形罩及大口方罩。

2) 装饰灯安装中，铁构件指一般铁构件和轻型铁构件，灯具主要有蜡烛灯、挂片灯、串珠（穗）灯、串棒灯、吊杆组合灯、玻璃罩灯、组合荧光灯带、内藏组合式灯、发光棚、筒形钢架灯、弧形管组合灯、标志、诱导装饰灯、水下艺术装饰灯、歌舞厅灯等。

3) 荧光灯安装类型指成套型、组装型；安装形式指吊链式、吊管式；安装规格指单管、双管、三管。

11.2.2 清单项目工程量计算

照明器具安装工程清单工程量按设计图示数量计算。工程量计算见［例10-2］。

12 电梯电气装置工程量计算

关键知识点：电梯电气装置定额项目的划分及定额工程量计算规则；电梯电气装置清单项目的划分及清单工程量计算规则。

主要技能：按定额项目列项并计算电梯电气装置定额工程量；按工程量清单计价规范项目列项并计算电梯电气装置清单工程量。

教学建议：参观认识实习电梯电气装置安装，分组统计材料、列项计算定额工程量和清单工程量。

12.1 电梯电气装置定额工程量计算

(1) 电梯电气装置安装 应区别自动控制或半自动控制，交流信号或直流信号，自动快速或自动高速，集选控制电梯或小型杂物电梯及电厂专用电梯，按不同规格（层/站），分别以"部"为单位计算。

电梯增减厅门、轿厢门安装的工程量计算，应按厅门或轿厢门，区分其不同控制（手动或自动）及小型杂物电梯，分别以"个"为单位计算。

电梯增减提升高度的工程量以"m"为单位计算；电梯金属门套安装的工程量以"套"为单位计算；直流电梯发电机组安装的工程量以"组"为单位计算；角钢牛腿制作与安装的工程量以"个"为单位计算；电梯机器钢板底座制作的工程量计算，应区分交流电梯或直流电梯，分别以"座"为单位计算。

(2) 电梯电气安装材料定额 是按设备带有考虑的，包括电线管及线槽、金属软管、管子配件、坚固件、电缆、电线、接线箱（盒）、荧光灯具及其附件、备件等。

(3) 电梯安装定额 包括以下几部分：

1)准备工作、搬运、放样板、放线、清理预埋件及道架、道轨、缓冲器等安装。

2)组装轿厢、对重及门厅安装。

3)稳工字钢、曳引机、抗绳轮、复绕绳轮、平衡绳轮。

4)挂钢丝绳、钢带、平衡绳。

5)清洗设备、加油、调整、试运行。

(4)电梯电气装置安装定额 不包括下列各项工作:

1)电源线路及控制开关的安装;

2)电动发电机组的安装;

3)基础型钢和钢支架制作;

4)接地极与接地干线敷设;

5)电气调试;

6)电梯的喷漆;

7)轿厢内的空调、冷热风机、闭路电视、呼叫机、音响设备;

8)群控集中监视系统以及模拟装置。

上述内容按安装定额有关篇、章相应项目计算。

(5)电梯电气装置调试按电气调试相关定额执行。

(6)电梯本体安装按《全国统一安装工程预算定额》第一篇《机械设备安装工程》定额执行。

12.2 电梯电气装置清单工程量计算

(1)清单项目设置

电梯安装清单项目设置见表12-1。

电梯安装部分清单项目设置 表12-1

项目编码	项目名称	项目特征	计量单位	工程内容
030107001	交流电梯	1. 名称;2. 型号;3. 用途;4. 层数;5. 站数;6. 提升高度	部	1. 本体安装;2. 电梯电气安装
030107004	观光梯	1. 名称;2. 型号;3. 类别;4. 结构、规格	台	
030107005	自动扶梯			

设置清单项目时需注意以下几个方面:

1)交流电梯包括交流半自动电梯、交流自动电梯及自动快速电梯。对于绝大部分建筑来说,每层均设电梯停靠站,但有些建筑在部分层不设电梯停靠站,因此在工程量清单项目特征描述时必须明确层数和站数。

2）与定额计价模式不同，在工程量清单计价模式下，所有电梯安装工程量均包括电梯本体的安装和电梯电气装置的安装。

(2) 清单项目工程量计算

电梯装置安装工程清单工程量按设计图示数量以"台"计算。

13 防雷及接地装置工程量计算

关键知识点：防雷接地装置定额项目的划分及定额工程量计算规则；防雷接地装置清单项目的划分及清单工程量计算规则。

主要技能：按定额项目列项并计算防雷接地装置定额工程量；按工程量清单计价规范项目列项并计算防雷接地装置清单工程量。

教学建议：参观认识实习防雷接地装置安装，分组统计材料、列项计算定额工程量和清单工程量。

防雷接地装置由接闪器、引下线、接地装置三大部分组成，如图13-1所示。

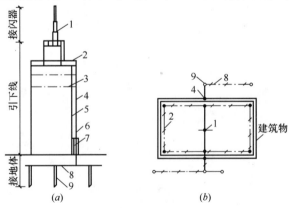

图 13-1 建筑物防雷与接地组成
(a) 立面图；(b) 平面图
1—避雷针；2—避雷网；3—避雷带；4—引下线；5—引下线卡子；
6—断接卡子；7—引下线保护管；8—接地母线；9—接地极

接闪器部分有避雷针、避雷网、避雷带等。引下线部分有引下线、引下线支持卡子，断接卡子，引下线保护管等。接地部分有接地母线、接地极等。

对高层建筑可利用建筑物本身的构件兼作防雷装置，将建筑物顶内的钢筋焊接成网状作为接闪器，把柱子内的主钢筋和接闪器可靠焊接成为一个电气通路作为引下线，接地极则可以利用基础主钢筋作为接地极。注意：整个防雷系统必须可靠焊接成一个电气通路，并且接地电阻必须符合设计要求。

13.1 防雷及接地装置定额工程量计算

（1）接地极（板）制作安装 应按不同材质，区别其埋设的不同土质，分别以"根"为单位计算。

（2）接地母线敷设 接地母线包括接地极之间的连接线以及与设备的连接线，应按不同材质，区别户外接地母线或户内接地母线，分别以"10m"为单位计算。

户外接地母线敷设定额是按自然地坪和一般土质综合考虑的，包括地沟的挖填土和夯实工作，执行定额时不应再计算土方量。如遇有石方、矿渣、积水、障碍物等情况时可另行计算。

（3）接地跨接线安装 应区别接地跨接线、构架接地、钢铝窗接地，分别以"处"为单位计算。

（4）避雷针制作与安装 避雷针制作应按不同材质，区别其不同长度，分别以"根"为单位计算。避雷针安装工程量，应区别下列不同安装方式列项：在烟囱上安装的，应按不同安装高度以"根"为单位计算；在建筑物上安装的，应区别在屋面上或墙上，按避雷针的不同长度以"根"为单位计算；在构筑物上安装的，应区别在木杆上、水泥杆上、金属构架上，均以"根"为单位计算；在金属容器上安装的，应区别在金属容器顶上或壁上，按避雷针的不同长度以"根"为单位计算。独立避雷针安装应区别其避雷针的不同针高，分别以"基"为单位计算。

避雷针拉线安装的工程量以"组"为单位计算（一组为3根拉线）。

（5）半导体少长针消雷装置安装 应按其不同高度，分别以"套"为单位计算。

（6）避雷引下线安装 应区别其不同敷设方式（利用金属构件、沿建筑物或构筑物、利用建筑物主钢筋引下），分别以"10m"为单位计算。

断接卡子制作与安装的工程量，均以"10套"为单位计算。

（7）避雷网安装 应区别其不同敷设方式[沿混凝土块、沿折板支架、均压环（利用圈梁钢筋）]分别以"10m"为单位计算。

$$避雷网长度＝按图示计算长度×(1＋3.9\%)$$

式中，3.9%为避雷网转弯、避绕障碍物、搭接头等所占长度附加值。

混凝土块的制作工程量，以"10块"为单位计算。

13.2 防雷及接地装置清单工程量计算

13.2.1 清单项目设置

防雷及接地装置部分清单项目设置　　　　　　表 13-1

项目编码	项目名称	项目特征	计量单位	工程量计算规则	工程内容
030209001	接地装置	1. 接地母线材质、规格 2. 接地极材质、规格	项	按设计图示尺寸以长度计算	1. 接地极（板）制作、安装 2. 接地母线敷设 3. 换土或化学处理 4. 接地跨接线 5. 构架接地
030209002	避雷装置	1. 受雷体名称、材质、规格、技术要求（安装部位） 2. 引下线材质、规格、技术要求（引下形式） 3. 接地极材质、规格、技术要求 4. 接地母线材质、规格、技术要求 5. 均压环材质、规格、技术要求	项	按设计图示数量计算	1. 避雷针（网）制作、安装 2. 引下线敷设、断接卡子制作安装 3. 拉线制作、安装 4. 接地极（板、桩）制作安装 5. 极间连接 6. 油漆（防腐） 7. 换土或化学处理 8. 钢铝窗接地 9. 均压环敷设 10. 柱主筋与圈梁焊接
030209003	半导体少长针消雷装置	1. 型号 2. 高度	套	按设计图示数量计算	安装

设置清单项目时需注意以下两个方面。
(1) 利用桩基础作接地极时，应描述桩台下桩的根数。
(2) 利用柱筋作引下线的，一定要描述是几根柱筋焊接作为引下线。

13.2.2 清单项目工程量计算

接地装置清单工程量按设计图示尺寸以长度计算。避雷装置清单工程量按设计图示数量计算。

【例 13-1】 某综合楼防雷接地系统平面图如图所示。户外接地母线敷设（以断接卡子 1.8m 处作为接地母线与引下线分界点）、引下线利用建筑物柱内主筋引下。试计算防雷接地系统的定额工程量与清单工程量。

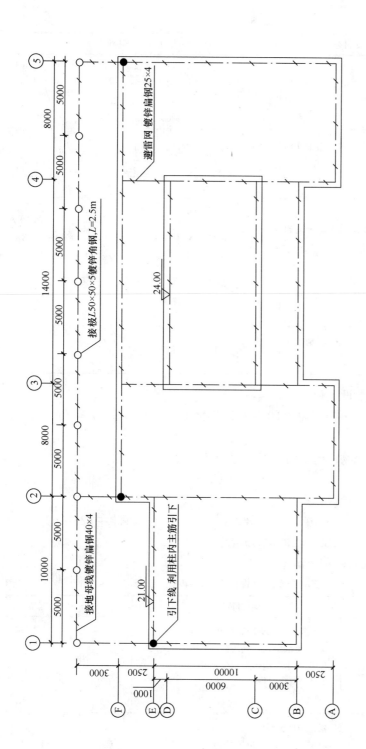

综合楼防雷接地系统平面图

说明：
1. 图示标高以室外地坪为±0.00 计算，不考虑墙厚，也不考虑引下线与避雷网、引下线与断接卡子的连接数量。
2. 避雷网均采用-25×4 镀锌扁钢，②-①③-④部分标高为 24m，其余部分标高为 21m。
3. 引下线利用建筑物柱内主筋引下，每一处均需焊接 2 根主筋。每一处引下线离地坪 1.8m 处设一断接卡子。
4. 户外接地母线均采用-40×4 镀锌扁钢，引下线离地坪 0.7m。
5. 接地极采用 L50×50×5 镀锌角钢制作，L=2.5m。
6. 接地电阻要求小于 10Ω。
7. 图中标高单位以 m 计，其余均为 mm。

防雷装置及接地工程工量计算

【解】（1）定额工程量计算表：

定额工程量计算

序号	定额编号	项目名称	单位	工程量	工程量计算式
1	5B0770	—25×4镀锌扁钢、避雷网敷设	m	197.41	$L=$图示长度$\times(1+3.9\%)=[(2.5+10+2.5)\times 4+10+(10+8+14+8)\times 2+14\times 2+(24-21)\times 4]\times(1+3.9\%)=190\times 1.039=197.41$
2	5B0768	引下线敷设、利用柱内主筋引下	m	57.6	$L=(21-1.8)\times 3$处$=57.6$
3	5B0769	断接卡子制作安装	套	3	详图
4	5B0719	—40×4镀锌接地扁钢接地母线的敷设	m	61.3	$L=$图示长度$\times(1+3.9\%)=[(10+8+14+8)+(3+2.5)+(3\times 2)+(1.8+0.7)\times 3$处$]\times(1+3.9\%)=61.3$
5	5B0771	L50×50×5角钢接地极制作安装	根	9	详图
6	5B0908	独立接地装置接地电阻测试	系统	1	详图

1）户外接地母线敷设工程量计算式：

$[(5\times 8)+(3+2.5)+3+3+(0.7+1.8)\times 3]\times(1+3.9\%)=59\times 1.039=61.30\text{m}$

2）引下线利用建筑物柱内主筋引下工程量计算式：

$(21-1.8)\times 3=57.60\text{m}$

3）避雷网敷设工程量计算式：

$[(2.5+10+2.5)\times 4+10+(10+8+14+8)\times 2+14\times 2+(24-21)\times 4]\times(1+3.9\%)=190\times 1.039=197.41\text{m}$

（2）防雷及接地装置工程量清单：

防雷及接地装置工程量清单

项目编码	项目名称	项目特征	单位	工程量
030209002001	避雷装置	1.—25×4避雷网制作安装 2.引下线敷设，利用柱内筋引下 3.断接卡子制作安装3套 4.户外接地母线—40×4 5.角钢接地极L50×5×5，9根	项	1
030211008001	接地装置	接地电阻测试 （L50×50×5，角钢接地极，独立接地装置）	系统	1

14 10kV以下架空配电线路工程量计算

关键知识点：10kV以下架空配电线路定额项目的划分及定额工程量计算规则；10kV以下架空配电线路清单项目的划分及清单工程量计算规则。

主要技能：按定额项目列项并计算10kV以下架空配电线路定额工程量；按工程量清单计价规范项目列项并计算10kV以下架空配电线路清单工程量。

教学建议：参观认识实习10kV以下架空配电线路安装，分组统计材料、列项计算定额工程量和清单工程量。

14.1 10kV以下架空配电线路定额工程量计算

（1）工地运输 应按人力运输或汽车运输，人力运输应区别其不同平均运距，均以"t·km"为单位计算；汽车运输以"t·km"为单位计算；汽车运输装卸以"t"为单位计算。

（2）土石方工程 应按其不同土质，分别以"10m³"为单位计算。

电杆杆坑如图14-1所示。土石方工程量按下式计算：

$$V = (a + 2c + kh)(b + 2c + kh)h + \frac{1}{3}k^2 h$$

式中，a，b为底盘边宽；c为工作面宽，$c = 0.1m$；h为坑深，根据电杆埋深确定；k为放坡系数，一般普通土取0.25，坚土取0.33。

（3）底盘、拉盘、卡盘安装及电杆防腐 底盘、拉盘、卡盘安装应区别其不同规格，分别以"块"为单位计算。木杆根部防腐以"根"

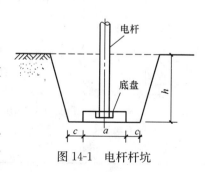

图14-1 电杆杆坑

为单位计算。

（4）电杆组立 应按木杆或混凝土杆、接腿杆（单腿接杆、双腿接杆、混合接腿杆）、撑杆（木撑杆或混凝土撑杆），区别其电杆的不同长度，分别以"根"为单位计算。

（5）横担安装 10kV以下横担安装应按铁横担、木横担、瓷横担，铁横担、木横担应区别单根或双根，瓷横担应区别直线杆或承力杆，分别以"组"为单位计算。1kV以下横担安装应按二线、四线、六线、瓷横担，四线与六线横担应区别单根或双根，分别以"组"为单位计算。进户线横担安装应按一端埋设式或两端埋设式，区别其横担的不同形式（二线、四线、六线），分别以"根"为单位计算。

（6）拉线制作与安装 应按不同拉线（普通拉线、水平及弓形拉线），区别其拉线的不同截面积，分别以"根"为单位计算。

（7）导线架设 应按导线的不同种类、型号和规格，区别其导线的不同截面积，分别以"km/单线"为单位计算。

（8）导线跨越及进户线架设 导线跨越应区别跨越电力线、通信线、公路、铁路、河流，均以"处"为单位计算。进户线架设应按导线的不同种类、型号和规格，区别其导线的不同截面积，分别以"100m/单线"为单位计算。

（9）杆上变配电设备安装 变压器安装应区别其不同容量，均以"台"为单位计算。跌落式熔断器、避雷器、隔离开关、油开关、配电箱安装的工程量，应按其不同型号和规格，分别以"组（台）"为单位计算。

14.2　10kV以下架空配电线路清单工程量计算

14.2.1　清单项目设置

10kV以下架空配电线路部分清单项目设置见表14-1。

10kV以下架空配电线路部分清单项目设置　　　表14-1

项目编码	项目名称	项目特征	计量单位	工程量计算规则	工程内容
030210001	电杆组立	1. 材质 2. 规格 3. 类型 4. 地形	根	按设计图示数量计算	1. 工地运输 2. 土（石）方挖填 3. 底盘、拉盘、卡盘安装 4. 木电杆防腐 5. 电杆组立 6. 横担安装 7. 拉线制作、安装
030210002	导线架设	1. 型号（材质） 2. 规格 3. 地形	km	按设计图示尺寸以长度计算	1. 导线架设 2. 导线跨越及进户线架设 3. 进户横担安装

设置清单项目时需注意以下几个问题：

1) 在电杆组立的项目特征中，材质指电杆的材质，即木电杆还是混凝土杆；规格指杆长；类型指单杆、接腿杆、撑杆。

2) 在导线架设的项目特征中，导线的型号表示了材质，是铝导线还是铜导线；规格是指导线的截面。

3) 杆坑挖填土清单项目按《建设工程工程量清单计价规范》附录 A 规定设置、编码。

4) 在需要时，对杆坑的土质情况、沿途地形予以描述。

14.2.2 清单项目工程量计算

（1）电杆组立按设计图示数量计算，导线架设按设计图示尺寸以单根长度计算。

（2）架空线路的各种预留长度，按设计要求或施工及验收规范规定长度计算在综合单价内，不可计算在清单工程量内。

15 电气调整试验工程量计算

关键知识点：电气调整试验定额项目的划分及定额工程量计算规则；电气调整试验清单项目的划分及清单工程量计算规则。

主要技能：按定额项目列项并计算电气调整试验定额工程量；按工程量清单计价规范项目列项并计算电气调整试验清单工程量。

教学建议：参观认识实习电气调整试验，分组列项计算定额工程量和清单工程量。

15.1 电气调整试验定额工程量计算

(1) 发电机、调相机系统调试　发电机及调相机系统调试的工作内容是指发电机、调相机、励磁机、隔离开关、断路器、保护装置和一、二次回路的调整试验。其工程量计算应区别发电机及调相机的不同容量，分别以"系统"为单位计算。

(2) 电力变压器系统调试　电力变压器系统调试的工作内容是指变压器、断路器、互感器、隔离开关、风冷及油循环冷却系统电气装置、常规保护装置等的调整试验。其工程量计算应区别其变压器的不同容量，分别以"系统"为单位计算。

(3) 送配电装置系统调试　送配电装置系统调试的工作内容是指自动开关或断路器、隔离开关、常规保护装置、电测量仪表、电力电缆等一、二次回路系统的调试。其工程量计算应按交流供电或直流供电，区别其供电的不同电压，分别以"系统"为单位计算。

(4) 特殊保护装置调试　特殊保护装置调试的工作内容是指保护装置本体及

二次回路的调整试验。其工程量计算应区别电器设备的不同保护（距离保护、高频保护、失灵保护、电机失磁保护、变流器断线保护、小电流接地保护、电机转子接地、保护检查及打印机装置），分别以"套（台）"为单位计算。

（5）自动投入装置调试　自动投入装置调试的工作内容是指自动装置、继电器及控制回路的调整试验。其工程量计算应区别备用电源自投、备用电动机自投、线路自动重合闸（单侧电源或双侧电源）、综合重合闸、自动调频、同期装置（自动或手动），均以"系统（套）"为单位计算。

（6）中央信号装置、事故照明切换装置、不间断电源调试　中央信号装置及事故照明切换装置调试的工作内容是指装置本体及控制回路系统的调整试验。但事故照明切换装置调试为装置本体调试，不包括供电回路调试。其工程量计算应区别中央信号装置（变电所或配电室）、直流盘监视、变送器屏、事故照明切换、按周波减负荷装置、不间断电源（区分不同容量），均以"系统（台）"为单位计算。

（7）母线、避雷器、电容器、接地装置调试　母线系统调试的工作内容是指母线耐压试验及接触电阻测量，工程量应按母线的不同电压，分别以"段"为单位计算。避雷器、电容器试验应按不同电压，分别以"组"为单位计算。接地装置调试应区别独立接地装置或接地网，分别以"系统（组）"为单位计算。

（8）电抗器、消弧线圈、电除尘器调试　电抗器及消弧线圈的调试应区别干式或油浸式，分别以"台"为单位计算。电除尘器的调试应区别除尘器的不同容量，分别以"组"为单位计算。

（9）硅整流设备、可控硅整流装置调试　硅整流设备调试的工作内容是指开关、调压设备、整流变压器、硅整流设备及一、二次回路的调试。其工程量计算应按一般硅整流或电解硅整流，区别其不同电压（V），分别以"系统"为单位计算。可控硅整流装置调试的工程量应区别其不同容量，分别以"系统"为单位计算。

（10）普通小型直流电动机调试　普通小型直流电动机调试的工作内容是指直流电动机（励磁机）、控制开关、电缆、保护装置及一、二次回路的调试。其工程量计算应按普通小型直流电动机的不同功率，分别以"台"为单位计算。

（11）可控硅调速直流电动机系统调试　可控硅调速直流电动机调试的工作内容是指控制调节器的开环、闭环调试、可控硅整流装置调试、直流电机及整组试验、快速开关、电缆及一、二次回路的调试。其工程量计算应按一般可控硅调速电机、全数字式控制可控硅调速电机，区别其不同功率，分别以"系统"为单位计算。

（12）普通交流同步电动机调试　普通交流同步电动机调试的工作内容是指电动机、励磁机、断路器、保护装置、启动设备和一、二次回路的调试。应按电动机的不回启动（直接启动或降压启动）和不同电压，区别其电机的不同功率，分别以"台"为单位计算。

380V同步电动机调试的工程量，应按直接启动或降压启动，以"台"为单位计算。

（13）低压交流异步电动机调试　低压交流异步电动机调试的工作内容是指电

动机、开关、保护装置、电缆等及一、二次回路调试。其工程量计算应按低压笼型电动机或低压绕线型电动机，区别其电动机的不同控制（刀开关控制、电磁控制、非电量联锁、带过流保护、速断、过流保护、反时限过流保护），分别以"台"为单位计算。

（14）高压交流异步电动机调试　高压交流异步电动机调试的工作内容是指电动机、断路器、互感器、保护装置、电缆等一、二次回路的调试。其工程量计算应按不同电压和电动机一次设备调试或电机二次设备及回路调试；电动机一次设备调试区别其不同功率；电机二次设备及回路调试区别差动过流保护、反时限过流保护、速断过流常规保护，分别以"台"为单位计算。

（15）交流变频调速电动机（AC—AC、AC—DC—AC系统）调试　调试的工作内容是指变频装置本体、变频母线、电动机、励磁机、断路器、互感器、电力电缆、保护装置等一、二次回路的调试。其工程量计算应按交流同步电动机变频调速或交流异步电动机变频调速，区别其电动机的不同功率，分别以"系统"为单位计算。

（16）微型电机、电加热器调试　调试的工作内容是指微型电机、电加热器、开关、保护装置及一、二次回路的调试。微型电机和电加热器的工程量均以"台"为单位计算。

（17）电动机组及联锁装置调试　电动机组的调试工程量应按两台机组或两台以上机组，均以"组"为单位计算。电动机联锁装置的调试工程量应按电动机联锁的不同台数，分别以"组"为单位计算。备用励磁机组的调试工程量，以"组"为单位计算。

（18）绝缘子、套管、绝缘油、电缆试验　悬式绝缘子试验应按不同型号，支持绝缘子试验应按不同电压，分别以"个"测试件为单位计算。绝缘套管试验的工程量以"只"为单位计算。绝缘油试验的工程量以"次"为单位计算。电缆试验的工程量计算应按故障点测试或泄漏试验，分别以"点"或"根次"为单位计算。

（19）电梯装置的调试　各种电梯电气装置调试以"层、站"为规格，按"部"计算。调试两部或两部以上并联运行或群控的电梯时，按相应的定额乘以系数1.5计算。

（20）防雷接地装置调试　以"组"或"系统"计算。避雷器调试以三相为一组，按"组"计算，单个安装仍按一组。避雷针有一单独接地网者，以"一组"计算。杆上变压器按"一组"接地调试计算。

防雷接地装置调试定额不适用于岩石地区，若发生凿岩坑或接地土壤处理时应按实计算。

接地极不论是由一根或两根以上组成的，均做一次试验。如果接地电阻达不到要求，则加一根接地极，再做试验，可另计一次试验费。

接地网是由多根接地极联成的，只套接地网试验定额是由若干组构成的大接地网，则按分网计算接地试验，如果分网计算有困难，可按网长每50m为一个试验单位，其中另有规定的，可按设计数量计算。

包括其中的接地极。如果接地网部分网由 10～20 根接地极构成，不足 50m 也按一个网计算、设计。

(21) 灯具调试　只对有特殊要求的灯具进行调试，其具体内容按产品要求执行。

(22) 电气调整定额　其中每项定额均已包括本系统范围内所有设备的本体调试工作，一般情况不做调整，但新增加的调试内容可以另行计算；定额不包括设备的烘干处理、电缆故障查找、电动机抽芯检查以及由于设备元件缺陷而造成的更换、修理和修改，亦未考虑由于设备元件质量低劣对调试工作的影响，遇此情况可另行计算。

(23) 电气调整定额　调试范围只限于电气设备本身的调试，不包括电动机带机械设备的试运转工作；各项调试定额均包括熟悉资料、核对设备、填写试验记录和整理试验报告等工作，但不包括试验仪表装置的转移费用。

(24) 发电机及大型电机调试定额　不包括试验用的蒸汽、电力和其他动力能源的消耗。

(25) 送配电调试定额　1kV 以下定额适用于所有低压供电回路（如从低压配电装置至分配电箱的供电回路），但从配电箱至电动机的供电回路已包括在电动机的系统调试内。供电系统调试包括系统内的电缆试验、瓷瓶耐压等全套调试工作。供电桥回路中的断路器、母线分段断路器皆作为独立的系统计算。定额皆按一个系统一侧配一台断路器考虑的，若两侧皆有断路器时，则按两个系统计。

15.2　电气调整试验清单工程量计算

15.2.1　清单项目设置

电气调整试验部分清单项目设置　　　　　表 15-1

项目编码	项目名称	项目特征	计量单位	工程量计算规则	工程内容
030211001	电力变压器系统	1. 型号 2. 容量（kV·A）	系统	按设计图示数量计算	系统调试
030211002	送配电装置系统	1. 型号 2. 电压等级（kV）	系统	按设计图示数量计算	系统调试
030211003	特殊保护装置	类型	系统	按设计图示数量计算	调试
030211004	自动投入装置	类别	套	按设计图示数量计算	调试
030211005	中央信号装置、事故照明切换装置、不间断电源	类别	系统	按设计图示系统计算	调试

续表

项目编码	项目名称	项目特征	计量单位	工程量计算规则	工程内容
030211006	母线	电压等级	段	按设计图示数量计算	调试
030211007	避雷器、电容器	电压等级	组	按设计图示数量计算	调试
030211008	接地装置	类别	系统	按设计图示系统计算	接地电阻测试
030211009	电抗器、消弧线圈、电除尘器	1. 名称、型号 2. 规格	台	按设计图示数量计算	调试
030211010	硅整流设备、可控硅整流装置	1. 名称、型号 2. 电流（A）	台	按设计图示数量计算	调试

设置清单项目时需注意以下几个方面：

1) 电气调整内容的项目特征是以系统名称或保护装置及设备本体名称来设置的。如变压器系统调试就以变压器的名称、型号、容量来设置。

2) 供电系统的项目设置：1kV以下和直流供电系统均以电压来设置，而10kV以下的交流供电系统则以供电用的负荷隔离开关、断路器和带电抗器分别设置。

3) 特殊保护装置调试的清单项目按其保护名称设置，其他均按需要调试的装置或设备的名称来设置。

4) 调整试验项目系指一个系统的调整试验，它是由多台设备、组件（配件）、网络连在一起，经过调整试验才能完成某一特定的生产过程，这个工作（调试）无法综合考虑在某一实体（仪表、设备、组件、网络）上，因此不能用物理计量单位或一般的自然计量单位来计量，只能用"系统"为单位计量。

5) 电气调试系统的划分以设计的电气原理系统图为依据。具体划分可参照《全国统一安装工程预算工程量计算规则》的有关规定。

15.2.2 清单项目工程量计算

电气调整试验清单项目工程量按设计图示数量计算。

16 滑触线装置安装工程量计算

关键知识点：滑触线装置定额项目的划分及定额工程量计算规则；滑触线装置清单项目的划分及清单工程量计算规则。
主要技能：按定额项目列项并计算滑触线装置定额工程量；按工程量清单计价规范项目列项并计算滑触线装置清单工程量。
教学建议：参观认识实习滑触线装置安装，分组统计材料、列项计算定额工程量和清单工程量。

16.1 滑触线装置安装定额工程量计算

按设计图示单相长度计算。
注意要点：滑触线支架的基础铁件及螺栓，按土建预埋考虑；滑触线及支架的油漆，均按涂一遍考虑。滑触线的辅助母线安装，执行"车间带型母线"安装定额。铁构件制作，执行"控制设备及低压电器"的相应项目。

16.2 滑触线装置安装清单工程量计算

滑触线装置安装清单项目设置　　　　表16-1

项目编码	项目名称	项目特征	计量单位	工程量计算规则	工程内容
030207001	滑触线	1. 名称 2. 型号 3. 规格 4. 材质	m	按设计图示单相长度计算	1. 滑触线支架制作、安装、刷油 2. 滑触线安装 3. 拉紧装置及挂式支持器制作、安装

附录 电气安装工程预算定额常用项目对照图示

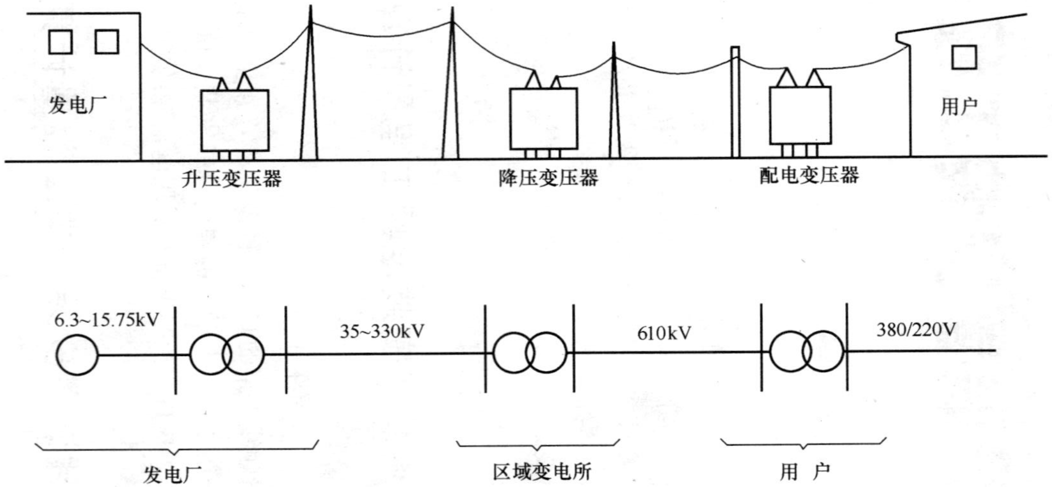

从发电厂到用户的输配电过程示意图

- 发电厂 6.3~15.75kV
- 升压变压器 35~330kV
- 降压变压器 区域变电所 6~10kV
- 配电变压器 380/220V 用户

第二册：电气工程
分部工程 —— 输配电系统示意图

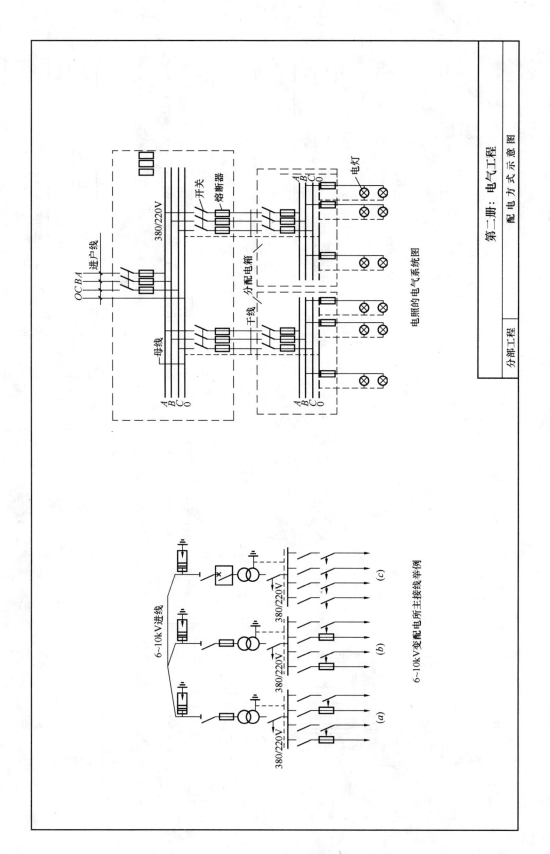

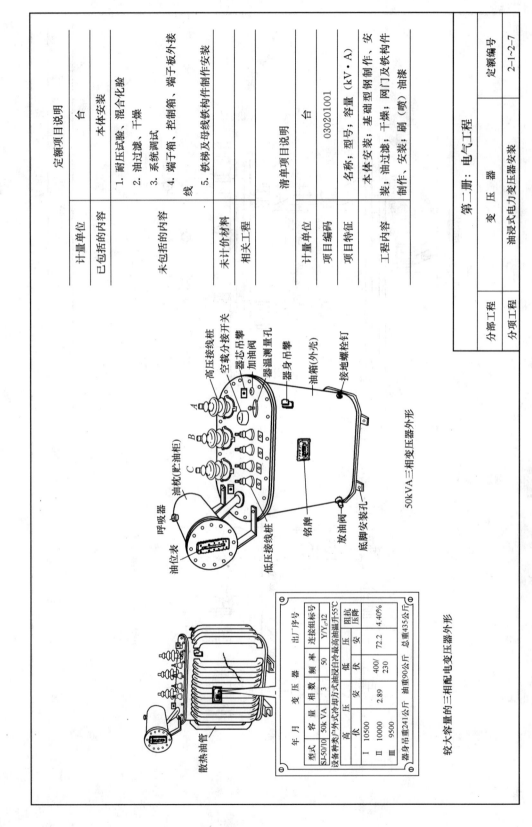

分部工程	第二册：电气工程		定额编号
分项工程	油浸式电力变压器安装		2-1-2-7

工程内容: 本体安装；基础型钢制作，安装；油过滤，干燥；网门及铁构件制作，安装；刷（喷）油漆

	清单项目说明		
项目编码	030201001		
项目特征	名称；型号；容量（kV·A）		
计量单位	台		

	定额项目说明	
		本体安装
已包括的内容	1. 耐压试验、混合化验 2. 油过滤、干燥 3. 系统调试 4. 端子箱、控制箱、端子板外接线 5. 铁梯及母线铁构件制作安装	
未包括的内容		
未计价材料		
相关工程		
计量单位	台	

50kVA三相变压器外形

较大容量的三相配电变压器外形

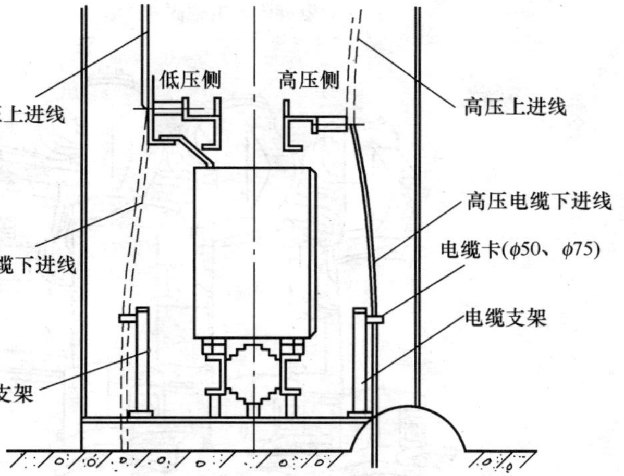

分部工程	第二册：电气工程		
分项工程	变压器		定额编号
	干式电力变压器安装		2-8-2-14

定额项目说明		
计量单位	台	
已包括的内容	本体安装	
未包括的内容	1. 耐压试验、混合化验 2. 干燥 3. 系统调试 4. 端子箱、控制箱、端子板外接线 5. 铁梯及母线构铁构件制作安装	
未计价材料		
相关工程		

清单项目说明	
计量单位	台
项目编码	030201002
项目特征	名称；型号；容量（kV·A）
工程内容	本体安装；干燥；基础型钢制作、安装；网门及铁构件制作、安装；刷（喷）油漆

干式变压器进线方式

高压上进线
高压电缆下进线
电缆卡（φ50、φ75）
电缆支架
高压侧
低压侧
低压上进线
低压电缆下进线
电缆支架

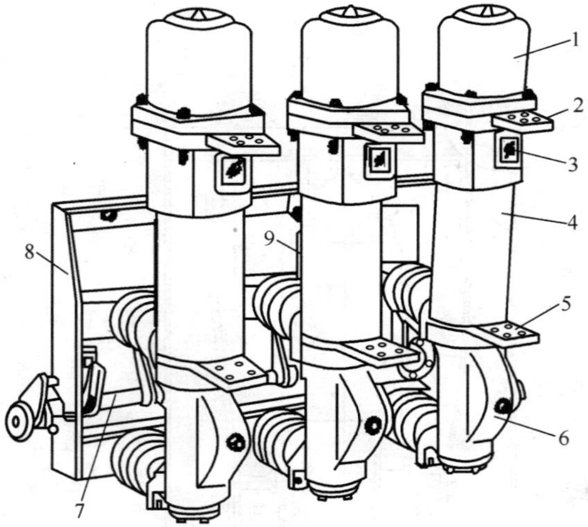

分部工程	配电装置		
分项工程	油断路器		定额编号 2-31~2-34

定额项目说明		
计量单位	台	
已包括的内容	操动机构	
未包括的内容	1. 设备支架 2. 绝缘油过滤	
未计价材料		
相关工程		

清单项目说明		
计量单位	台	
项目编码	030202001	
项目特征	名称;型号;油过滤;容量(A)	
工程内容	本体安装;油过滤;支架制作安装或基础槽钢安装;刷油漆	

第二册：电气工程

SN10-10型高压少油断路器
1—油箱上帽；2—上出线座；3—油标；4—油箱内绝缘筒；
5—下出线座；6—油箱基座；7—传动机构主轴；
8—框架；9—断路弹簧

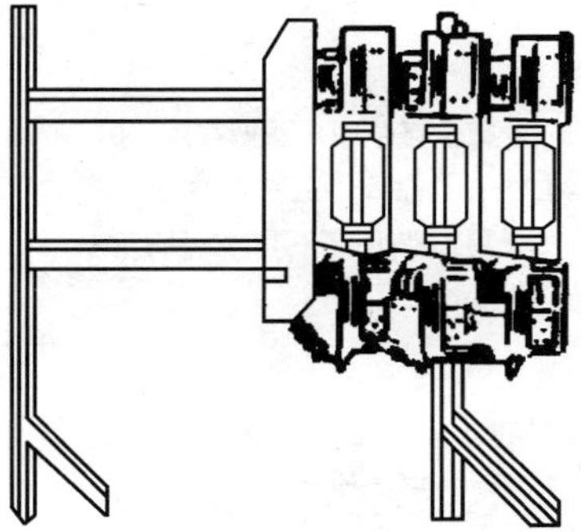

定额项目说明	
计量单位	台
已包括的内容	操动机构
未包括的内容	设备支架、端子箱
未计价材料	
相关工程	

清单项目说明	
计量单位	台
项目编码	030202002
项目特征	名称；型号；容量（A）
工程内容	本体安装；支架制作安装或基础槽钢安装；刷油漆

安装ZN□-10型真空断路器

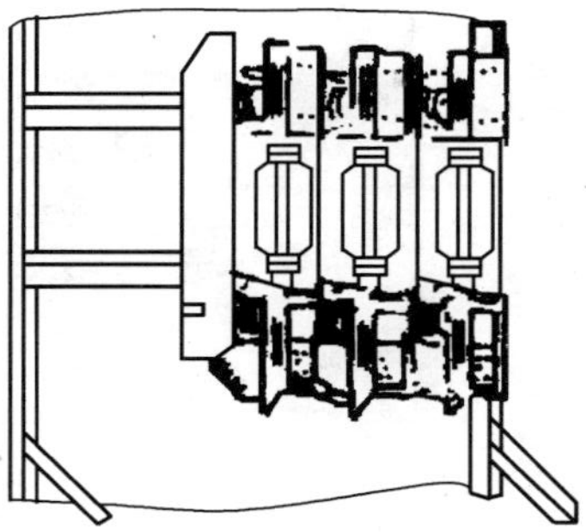

安装完成

说明：断路器具有强烈的灭弧能力，不但可以接通和断开正常负荷电流，而且还可以断开故障情况下的大电流。

分部工程	配电装置	定额编号
分项工程	真空断路器	2-35-2-36

第二册：电气工程

91

分部工程	配电装置	第二册：电气工程		
分项工程	负荷开关			定额编号 2-45-2-51

定额项目说明	
计量单位	组
已包括的内容	操动机构
未包括的内容	设备支架、端子箱
未计价材料	
相关工程	

清单项目说明	
计量单位	组
项目编码	030202007
项目特征	名称；型号；容量（A）
工程内容	本体安装；油过滤；支架制作安装或基础槽钢安装；刷油漆

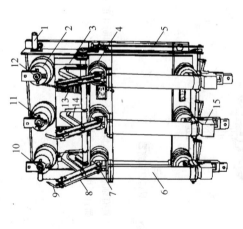

FN3-10RT型高压负荷开关

1—主轴；2—上绝缘子兼气缸；3—连杆；4—下绝缘子；5—框架；
6—RN1型高压熔断器；7—下触座；8—闸刀；9—弧动触头；
10—绝缘喷嘴（内有弧静触头）；11—主静触头；12—上触座；
13—断路弹簧；14—绝缘拉杆；15—热脱扣器

说明：负荷开关具有一定的灭弧能力，介于刀闸与断路器之间。它既可以给出一个明显的断开点，又可接通与断开负荷电流。但不能用于切断故障电流，应与熔断器配合作用。

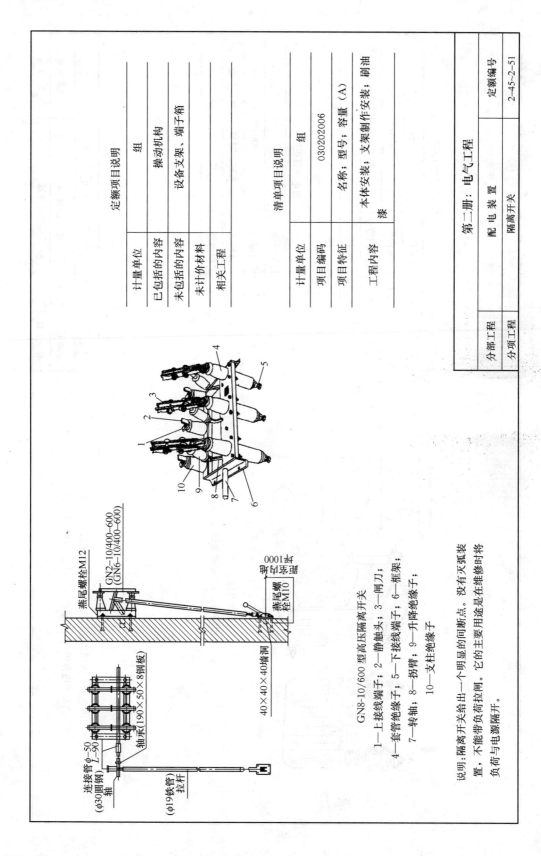

计量单位	组	
已包括的内容	操动机构	
未包括的内容	设备支架、端子箱	
未计价材料		
相关工程		

定额项目说明

计量单位	组	
项目编码	030202006	
项目特征	名称；型号；容量（A）	
工程内容	本体安装；支架制作安装；刷油漆	

清单项目说明

分部工程	第二册：电气工程	定额编号
分项工程	配电装置	2-45-2-51
	隔离开关	

GN8-10/600型高压隔离开关
1—上接线端子；2—静触头；3—闸刀；
4—套管绝缘子；5—下接线端子；6—框架；
7—转轴；8—拐臂；9—升降绝缘子；
10—支柱绝缘子

说明：隔离开关给出一个明显的同断点，没有灭弧装置，不能带负荷拉闸。它的主要用途是在维修时将负荷与电源隔开。

分部工程	分项工程
第二册：电气工程	
配电装置	电压互感器
定额编号	2-53

定额项目说明

计量单位	台
已包括的内容	本体安装
未包括的内容	抽芯、油过滤
未计价材料	
相关工程	

清单项目说明

计量单位	台
项目编码	030202008
项目特征	名称；型号；规格；类型
工程内容	安装；干燥

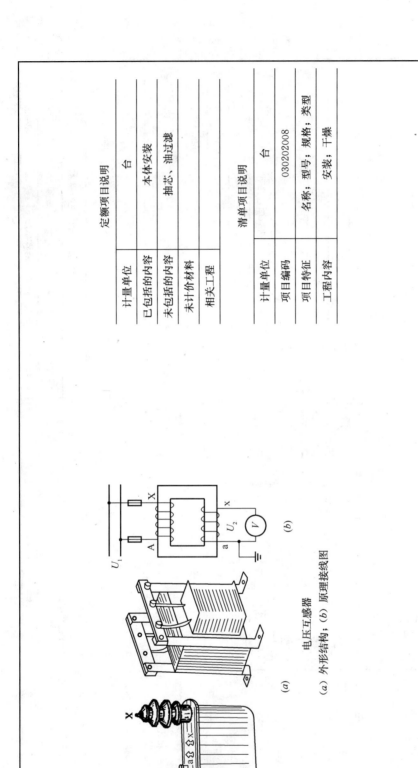

(a)
电压互感器
(a) 外形结构；(b) 原理接线图

说明：电压互感器是将高电压变为低电压，以便连接仪表和继电器供测量和继电保护用的一种降压设备。

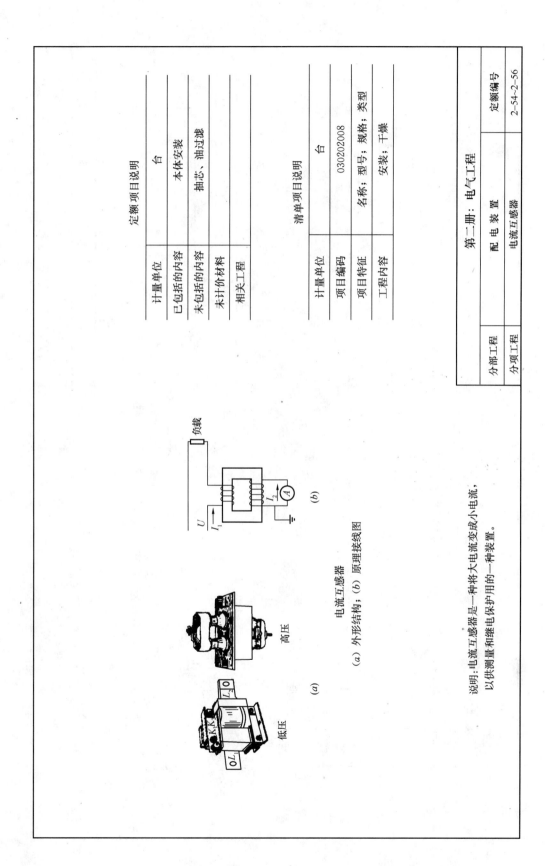

分部工程	第二册：电气工程	定额编号	2-54~2-56
分项工程	配电装置 电流互感器		

定额项目说明

计量单位	台
已包括的内容	本体安装
未包括的内容	抽芯、油过滤
未计价材料	
相关工程	

清单项目说明

计量单位	台
项目编码	030202008
项目特征	名称；型号；规格；类型
工程内容	安装；干燥

电流互感器

(a) 外形结构；(b) 原理接线图

说明：电流互感器是一种将大电流变成小电流，以供测量和继电保护用的一种装置。

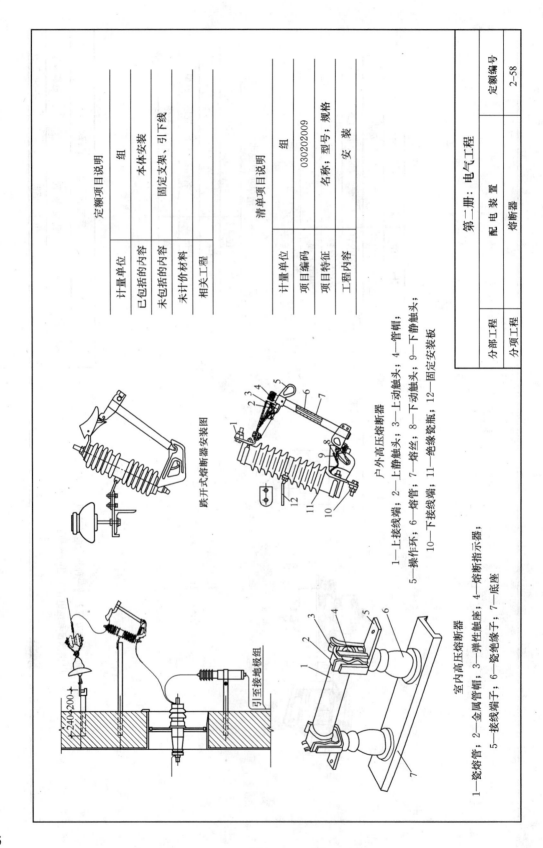

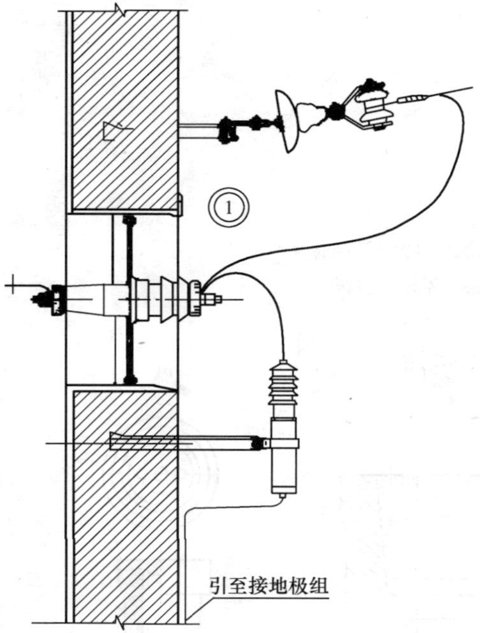

侧面

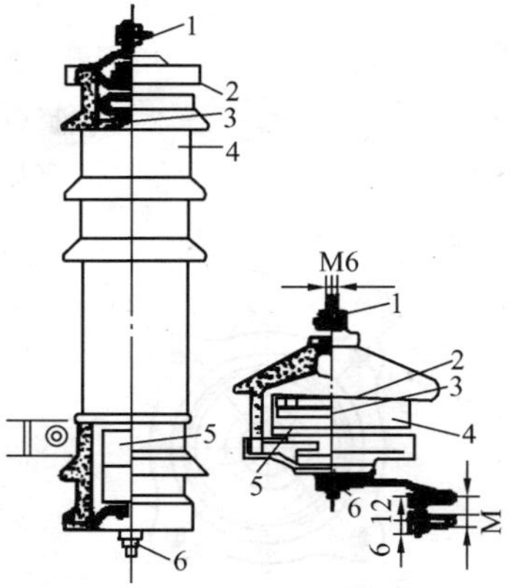

(*a*)　(*b*)

高、低压阀用避雷器

1—接线端；2—压紧弹簧；3—间隙；4—瓷套；5—阀片；6—接地端

定额项目说明

计量单位	组
已包括的内容	与相线连接裸铜线材料
未包括的内容	1. 放电记录调试 2. 固定支架制作 3. 引下线
未计价材料	
相关工程	

清单项目说明

计量单位	组
项目编码	030202010
项目特征	名称；型号；规格；电压等级
工程内容	安　装

第二册：电气工程		
分部工程	配 电 装 置	定额编号
分项工程	阀式避雷器	2-59~2-60

高压户内支持绝缘子外形
(a) 外胶装；(b) 内胶装；(c) 联合胶装

计量单位	10个
已包括的内容	刷漆、接地、绝缘摇测
未包括的内容	固定支架
未计价材料	绝缘子、金具、线夹
相关工程	穿通板制作安装

分部工程	第二册：电气工程	定额编号
分项工程	母线、绝缘子	2-108~2-110
	户内式支持绝缘子安装	

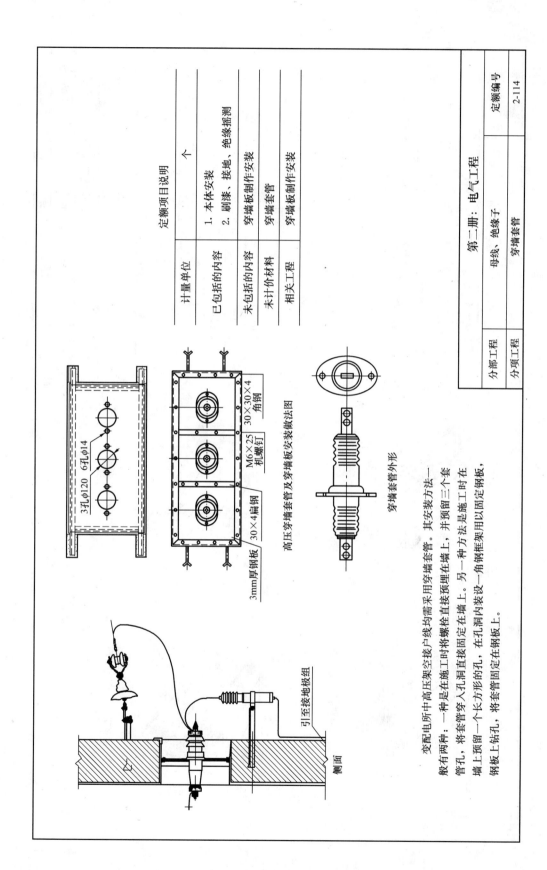

定额编号		2-127~2-146
定额项目说明		
计量单位	10m/单相	
已包括的内容	1. 金具 2. 刷分相漆	
未包括的内容	支持绝缘子；伸缩接头；支架系统调试	
未计价材料	金具	
相关工程	钢带形母线按同规格的铜母线定额执行	
清单项目说明		
计量单位	m	
项目编码	030203003	
项目特征	型号；规格；材质	
工程内容	绝缘子、穿墙套管的耐压试验、安装；穿孔板子安装；母线安装；引下线安装；伸缩节、过度板安装；刷分相漆	
分部工程	第二册：电气工程	
分项工程	母线、绝缘子	
	带形母线安装	

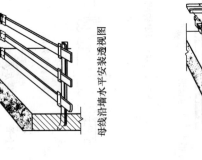

母线沿墙水平安装透视图

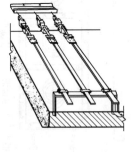

母线沿墙垂直安装透视图

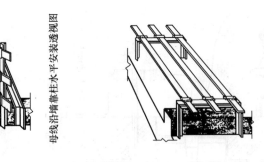

母线沿墙靠柱水平安装透视图

母线沿墙靠柱垂直安装透视图

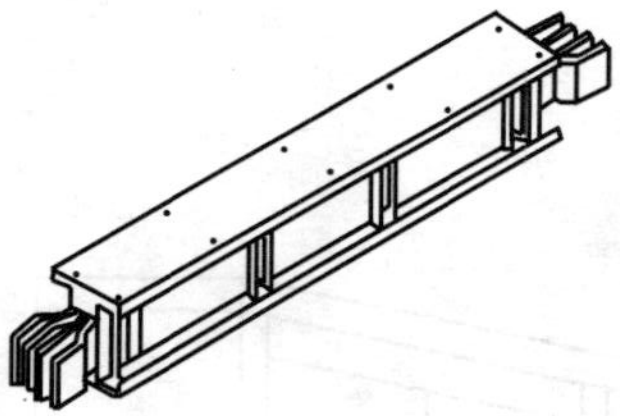

定额项目说明

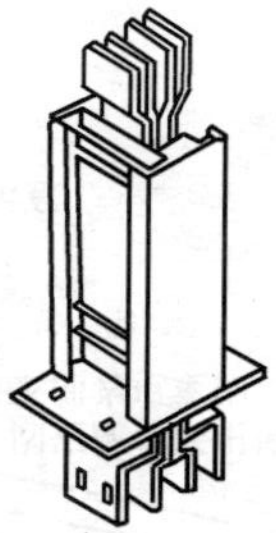

计量单位	10m	
已包括的内容	1. 金具 2. 刷分相漆	
未包括的内容	分线箱	
未计价材料	母线槽	
相关工程		

清单项目说明

计量单位	m
项目编码	030203006
项目特征	型号；容量（A）
工程内容	进、出分线箱安装；刷（喷）油漆（共箱母线）

始端型母线

直线型母线

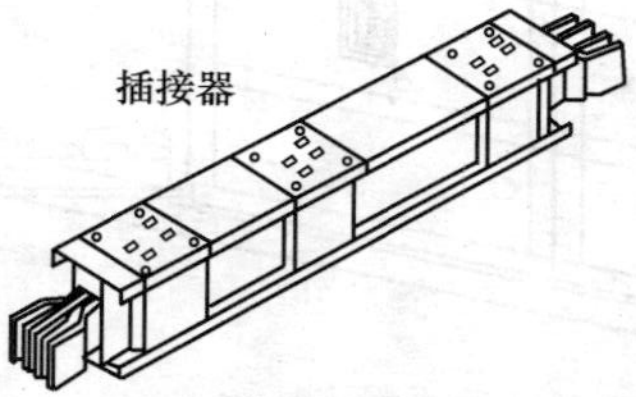

插接器

插接分线型母线

分部工程	第二册：电气工程	定额编号	
分项工程	母线、绝缘子		2-206~2-210
	低压封闭式插接母线槽安装		

分部工程	第二册：电气工程	定额编号
分项工程	控制设备及低压电器 低压配电屏	2-240

定额项目说明

计量单位	台
已包括的内容	1. 本体安装 2. 接线
未包括的内容	1. 基础槽钢 2. 二次灌浆 3. 焊、压接线端子 4. 端子板外部（二次）接线
未计价材料	
相关工程	

清单项目说明

计量单位	台
项目编码	030204005
项目特征	名称；型号；规格
工程内容	柜安装；基础槽钢制作、安装；端子板安装；焊、压接线端子；盘柜配线；屏边安装

低压配电屏示意

固定配电屏用槽钢底座下部为电缆沟

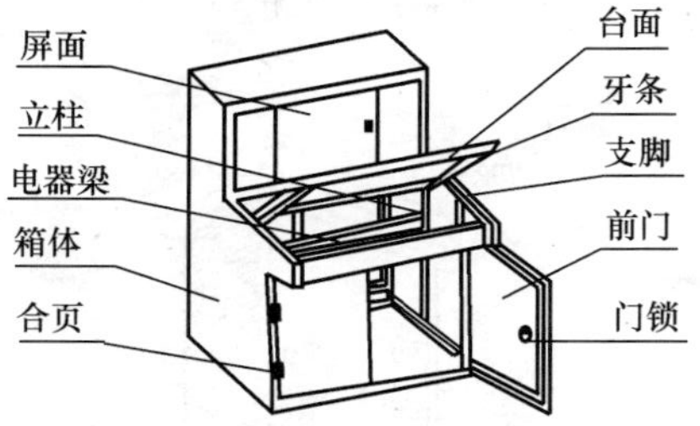

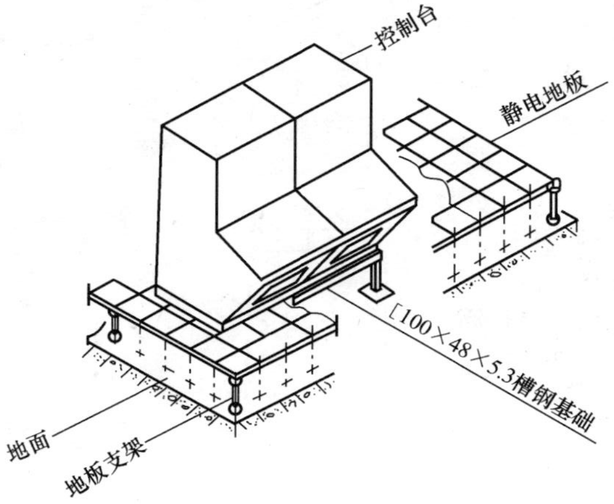

定额项目说明	
计量单位	台
已包括的内容	1. 本体安装 2. 接线
未包括的内容	1. 基础槽钢 2. 二次灌浆 3. 焊、压接线端子 4. 端子板外部（二次）接线
未计价材料	
相关工程	

清单项目说明	
计量单位	台
项目编码	030204016
项目特征	名称；型号；规格
工程内容	台（箱）安装；基础槽钢制作、安装；端子板安装、焊，压接线端子；盘柜配线；小母线安装

分部工程	第二册：电气工程	定额编号
	控制设备及低压电器	2-258~2-259
分项工程	控制台	

TK2外形图

屏面　立柱　电器梁　箱体　合页
台面　牙条　支脚　前门　门锁

控制台
[100×48×5.3槽钢基础
蓄电池板
地面
地板支梁

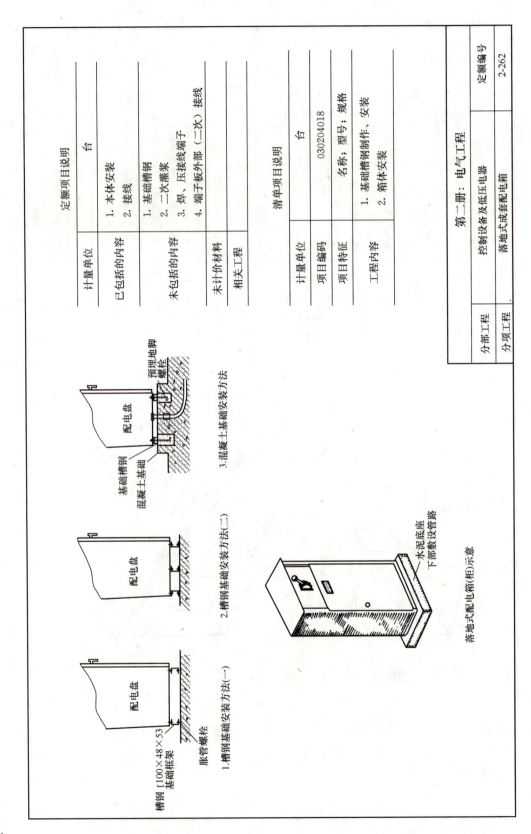

分部工程	控制设备及低压电器	定额编号
分项工程	落地式成套配电箱	2-262

第二册：电气工程

定额项目说明		
计量单位	台	
已包括的内容	1. 本体安装 2. 接线	
未包括的内容	1. 基础槽钢 2. 二次灌浆 3. 焊、压接线端子 4. 端子板外部（二次）接线	
未计价材料		
相关工程		

清单项目说明		
计量单位	台	
项目编码	030204018	
项目特征	名称、型号、规格	
工程内容	1. 基础槽钢制作、安装 2. 箱体安装	

落地式配电箱(柜)示意

第二册：电气工程

分部工程	控制设备及低压电器	定额编号
分项工程	悬挂嵌入式成套配电箱	2-263~2-266

定额项目说明

计量单位	台
已包括的内容	1. 本体安装 2. 接线
未包括的内容	1. 支架制作安装 2. 焊、压接线端子 3. 成套箱制作
未计价材料	
相关工程	

清单项目说明

计量单位	台
项目编码	030204018
项目特征	名称；型号；规格
工程内容	1. 箱体安装 2. 支架制作安装

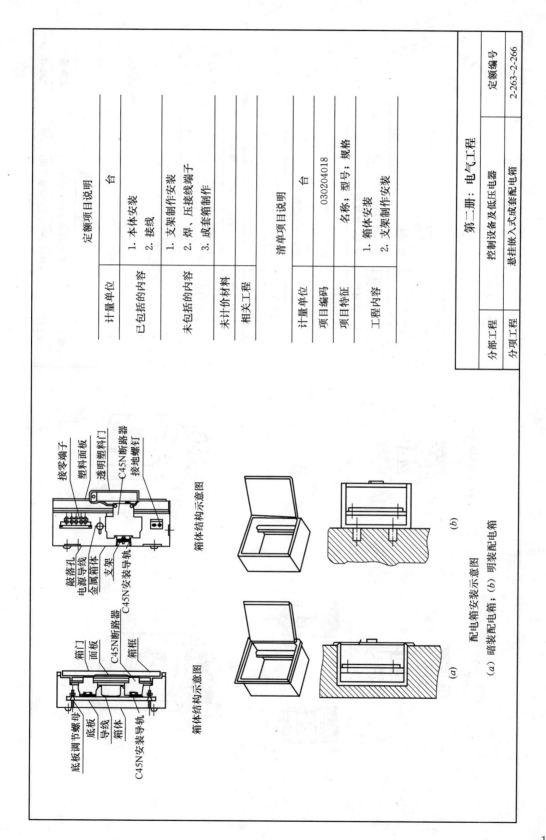

(a) 暗装配电箱；(b) 明装配电箱

配电箱安装示意图

分部工程	控制设备及低压电器	定额编号
分项工程	自动空气开关(DZ装置式)	2-267

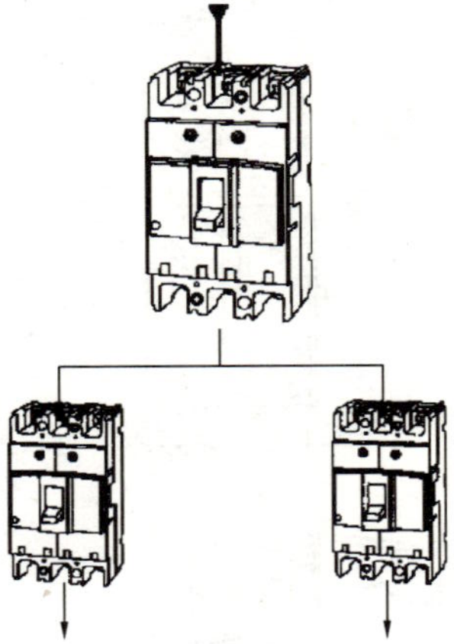

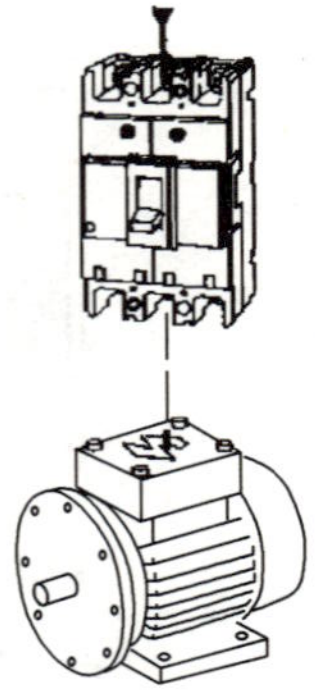

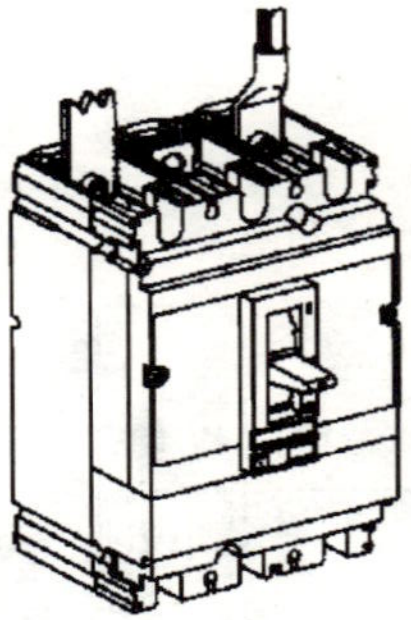

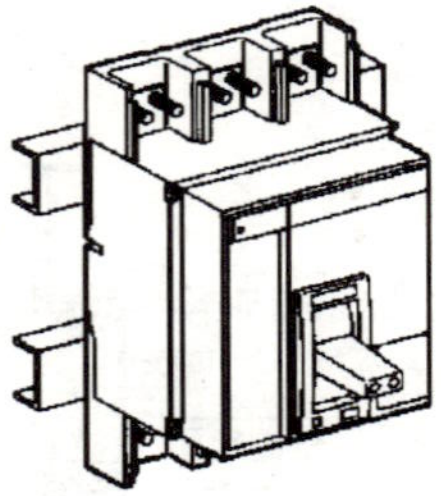

第二册：电气工程

定额项目说明

计量单位	个
已包括的内容	1. 本体安装 2. 接线
未包括的内容	支架或固定底板
未计价材料	开关；接线端子
相关工程	

清单项目说明

计量单位	个
项目编码	030204019
项目特征	名称；型号；规格
工程内容	1. 安装 2. 焊、压接线端子

电动机的控制和保护

安装在导轨上

低压配电网络保护

前连接

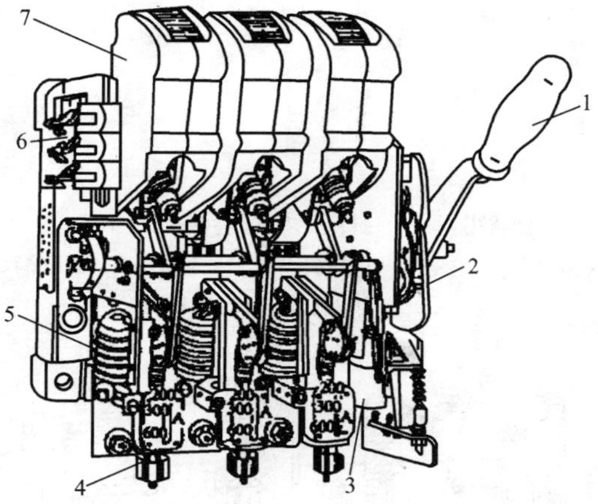

DW 型万能式低压断路器基本结构

1—操作手柄；2—自由脱扣机构；3—失压脱扣器；
4—过流脱扣器的电流调节螺母；5—过流脱扣器线圈；
6—辅助触头；7—灭弧罩（内有主触头）

1. 万能式断路器为框架式结构，因此又称"框架式断路器"；
2. 它有手柄操作、杠杆操作、电磁合闸操作、电动机合闸操作等多种操作方式，保护方案也较多，安装地点也较灵活，因此有"万能式"之称；
3. 它的电流容量较大，可达 4000A 及以上；分断能力也较大，但断路时间（含灭弧时间）一般大于 0.02s，比塑料外壳式断路器稍长。

定额项目说明		
计量单位		个
已包括的内容	1. 本体安装 2. 接线	
未包括的内容	支架或固定底板	
未计价材料	开关；接线端子	
相关工程		

清单项目说明		
计量单位		个
项目编码	030204019	
项目特征	名称；型号；规格	
工程内容	1. 安装 2. 焊压端子	

第二册：电气工程		定额编号
		2-268
分部工程	控制设备及低压电器	
分项工程	自动空气开关(DW万能式)	

定额项目说明	
计量单位	个
已包括的内容	1. 本体安装 2. 接线
未包括的内容	支架
未计价材料	
相关工程	开关；接线端子

清单项目说明	
计量单位	个
项目编码	030204019
项目特征	名称；型号；规格
工程内容	1. 安装 2. 焊、压接线端子

HD13型刀开关

1—上接线端子；2—灭弧罩；3—闸刀；4—底座；5—下接线端子；
6—主轴；7—静触头；8—连杆；9—操作手柄

分部工程	第二册：电气工程	定额编号
分项工程	控制设备及低压电器	2-269~2-271
	刀型开关	

	定额项目说明	个
计量单位		
已包括的内容	1. 本体安装 2. 接线	
未包括的内容	支架或固定底板	
未计价材料	开关；接线端子	
相关工程		

	清单项目说明	个
计量单位		
项目编码	030204019	
项目特征	名称；型号；规格	
工程内容	1. 安装 2. 焊、压接线端子	

分部工程	第二册：电气工程	定额编号
分项工程	控制设备及低压电器	2-272
	铁壳开关	

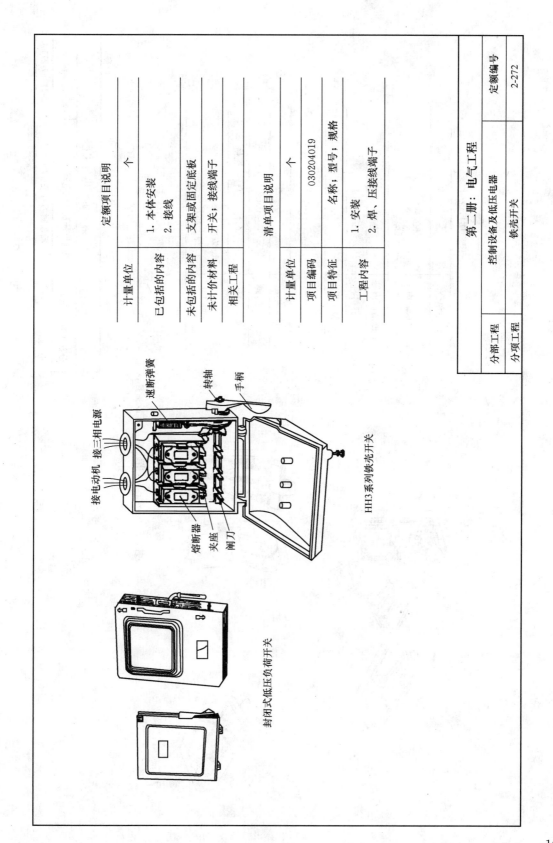

HH3 系列铁壳开关

封闭式低压负荷开关

109

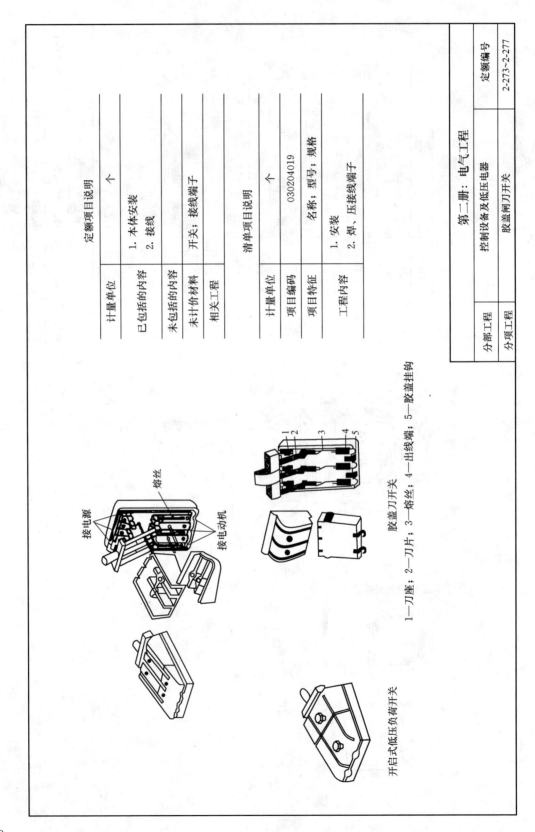

定额项目说明	
计量单位	个
已包括的内容	1. 本体安装 2. 接线
未包括的内容	
未计价材料	开关；接线端子
相关工程	

清单项目说明	
计量单位	个
项目编码	030204019
项目特征	名称；型号；规格
工程内容	1. 安装 2. 焊、压接线端子

第二册：电气工程	
分部工程	控制设备及低压电器
分项工程	漏电保护开关
定额编号	2-278~2-280

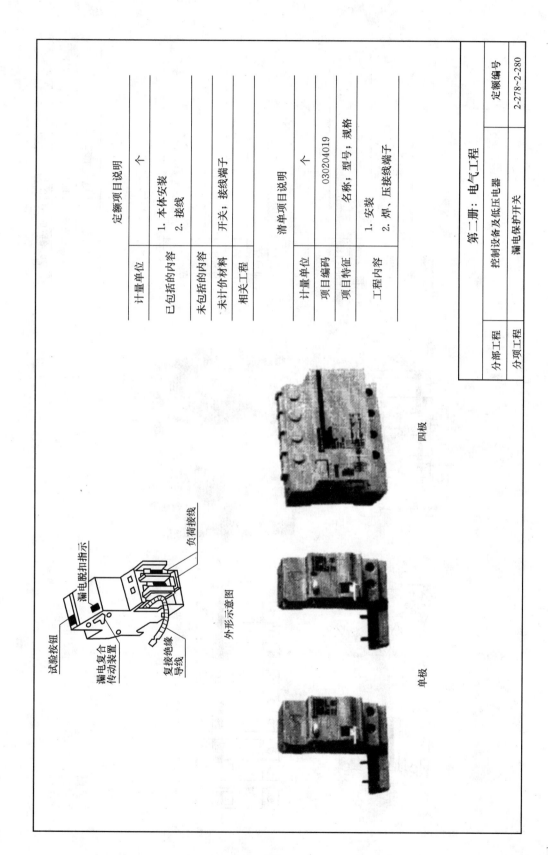

外形示意图

单极　　　四极

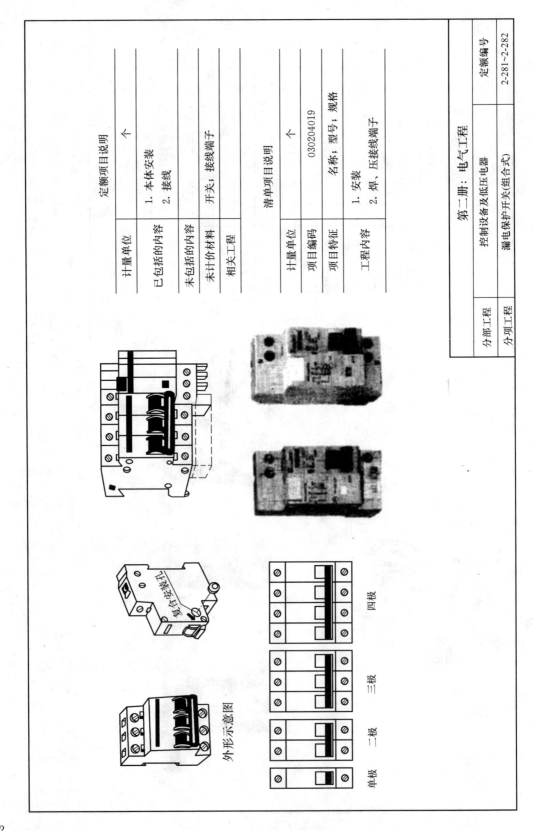

分部工程	第二册：电气工程		定额编号	2-281~2-282
分项工程	控制设备及低压电器			
	漏电保护开关(组合式)			

定额项目说明

计量单位	个
已包括的内容	1. 本体安装 2. 接线
未包括的内容	
未计价材料	开关；接线端子
相关工程	

清单项目说明

计量单位	个
项目编码	030204019
项目特征	名称；型号；规格
工程内容	1. 安装 2. 焊、压接线端子

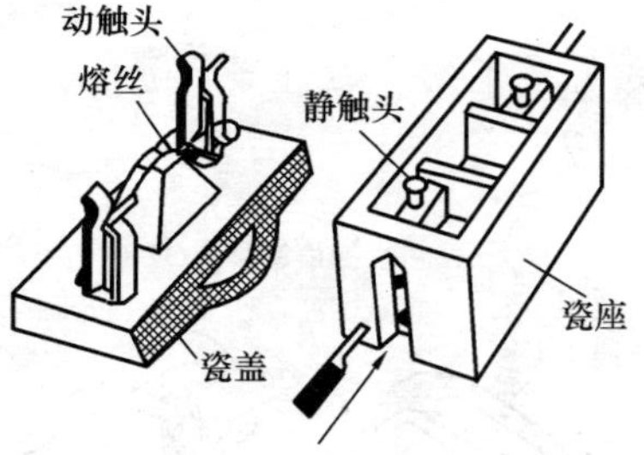

分部工程	控制设备及低压电器	定额编号	2-283
分项工程	瓷插式熔断器		

第二册：电气工程

定额项目说明

计量单位	个
已包括的内容	1. 本体安装 2. 接线
未包括的内容	
未计价材料	熔断器；接线端子
相关工程	

清单项目说明

计量单位	个
项目编码	030204020
项目特征	名称；型号；规格
工程内容	1. 安装 2. 焊、压接线端子

RC1A系列瓷插式熔断器结构

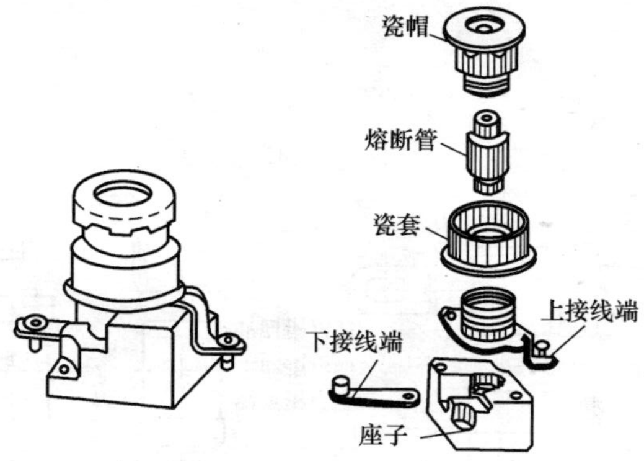

RL1系列熔断器
(a) 外形；(b) 结构

113

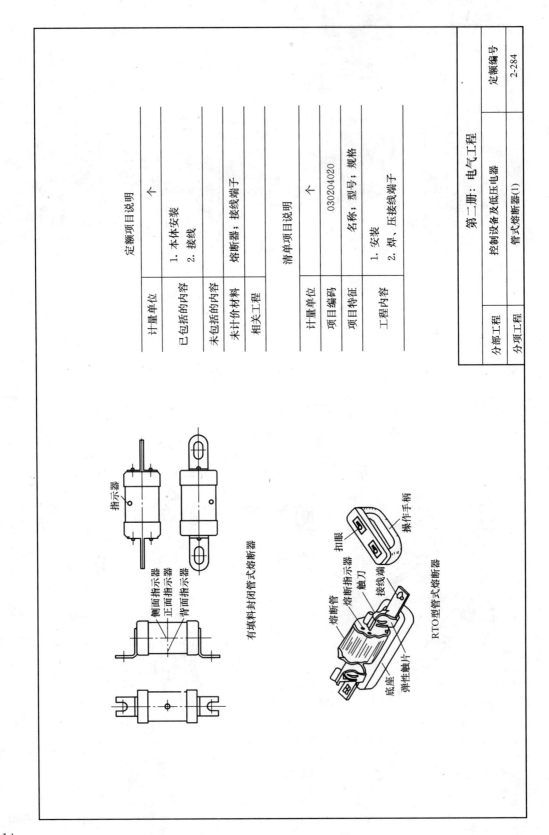

定额编号	2-284

定额项目说明

计量单位	个
已包括的内容	1. 本体安装 2. 接线
未包括的内容	
未计价材料	熔断器；接线端子
相关工程	

清单项目说明

计量单位	个
项目编码	030204020
项目特征	名称；型号；规格
工程内容	1. 安装 2. 焊、压线端子

分部工程	第二册：电气工程
	控制设备及低压电器
分项工程	管式熔断器(1)

定额项目说明	
计量单位	个
已包括的内容	1. 本体安装 2. 接线
未包括的内容	
未计价材料	熔断器；接线端子
相关工程	

清单项目说明	
计量单位	个
项目编码	030204020
项目特征	名称；型号；规格
工程内容	1. 安装 2. 焊、压接线端子

第二册：电气工程		定额编号
分部工程	控制设备及低压电器	2-284
分项工程	管式熔断器(2)	

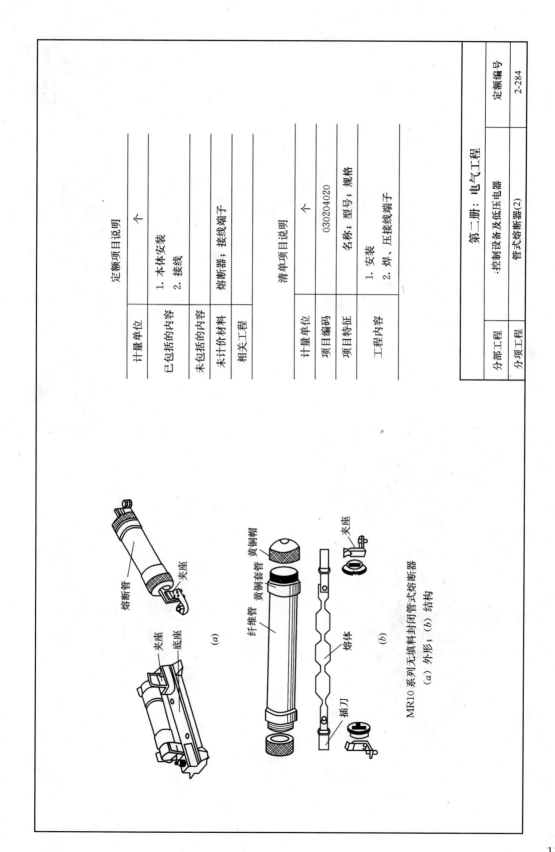

MR10系列无填料封闭管式熔断器
(a) 外形；(b) 结构

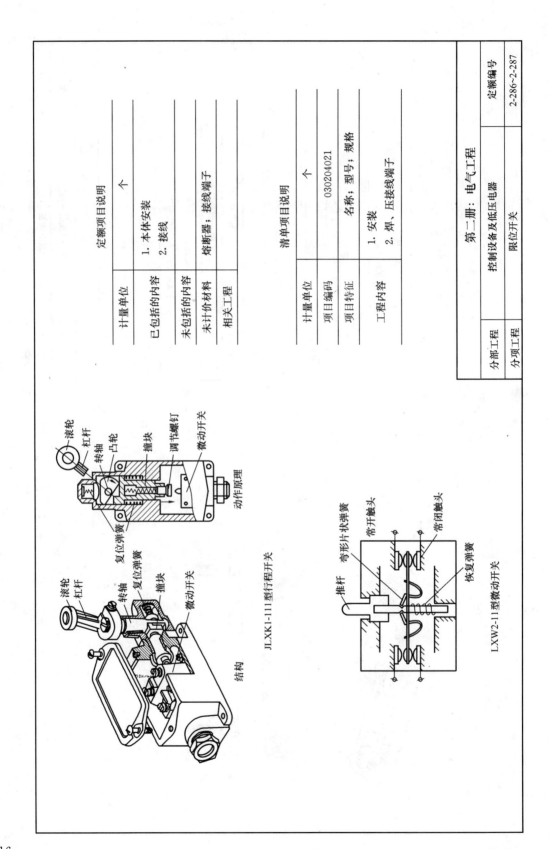

分部工程	控制设备及低压电器	定额编号	2-286~2-287
分项工程	限位开关		

第二册：电气工程

定额项目说明

计量单位	个
已包括的内容	1. 本体安装 2. 接线
未包括的内容	
未计价材料	熔断器；接线端子
相关工程	

清单项目说明

计量单位	个
项目编码	030204021
项目特征	名称；型号；规格
工程内容	1. 安装 2. 焊、压接线端子

定额项目说明		
计量单位	台	
已包括的内容	1. 本体安装 2. 接线	
未包括的内容		
未计价材料	控制器；接线端子	
相关工程		

清单项目说明		
计量单位	台	
项目编码	030204022	
项目特征	名称；型号；规格	
工程内容	1. 安装 2. 焊、压接线端子	

第二册：电气工程	
分部工程	控制设备及低压电器
分项工程	凸轮控制器
定额编号	2-289

交流凸轮控制器构造图

(a) KT10型凸轮控制器；(b) KTJ1型凸轮控制器
1—触头；2—手轮；3—灭弧罩；4—轴

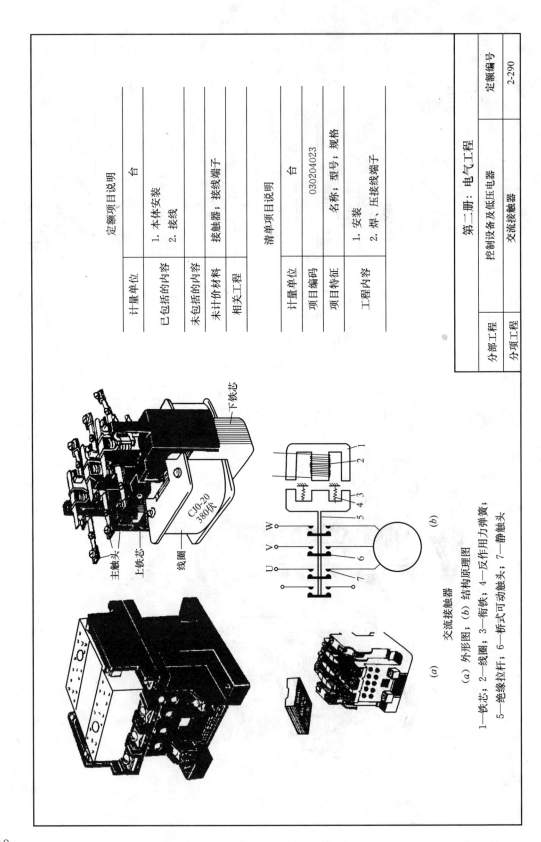

交流接触器
(a) 外形图；(b) 结构原理图
1—铁芯；2—线圈；3—衔铁；4—反作用力弹簧；
5—绝缘拉杆；6—桥式可动触头；7—静触头

分部工程	第二册：电气工程	定额编号
分项工程	控制设备及低压电器	2-290
	交流接触器	

	定额项目说明	
计量单位	台	
已包括的内容	1. 本体安装 2. 接线	
未包括的内容		
未计价材料	接触器；接线端子	
相关工程		

	清单项目说明	
计量单位	台	
项目编码	030204023	
项目特征	名称；型号；规格	
工程内容	1. 安装 2. 焊、压接线端子	

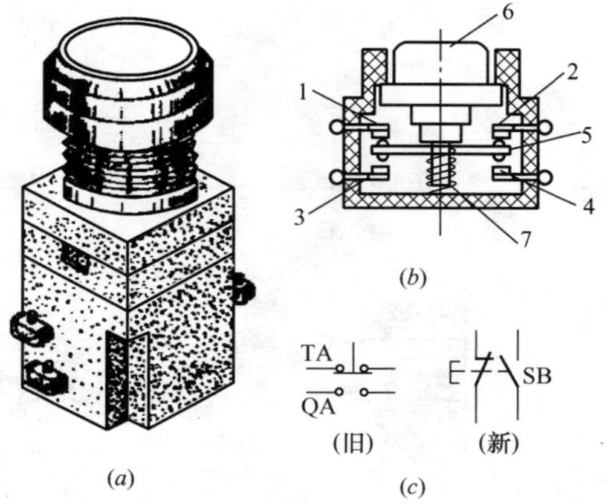

计量单位	定额项目说明	个
已包括的内容		1. 本体安装 2. 接线
未包括的内容		焊、压接线端子
未计价材料		按钮
相关工程		

	清单项目说明	
计量单位		个
项目编码		030204031
项目特征		名称；型号；规格
工程内容		1. 安装 2. 焊、压接线端子

按钮

(a) 外形；(b) 内部结构；(c) 电路符号

1、2—常闭触点；3、4—常开触点；5—动触点桥；6—按钮帽；7—复位弹簧

分部工程	第二册：电气工程	定额编号
分项工程	控制设备及低压电器	2-299~2-300
	按钮安装	

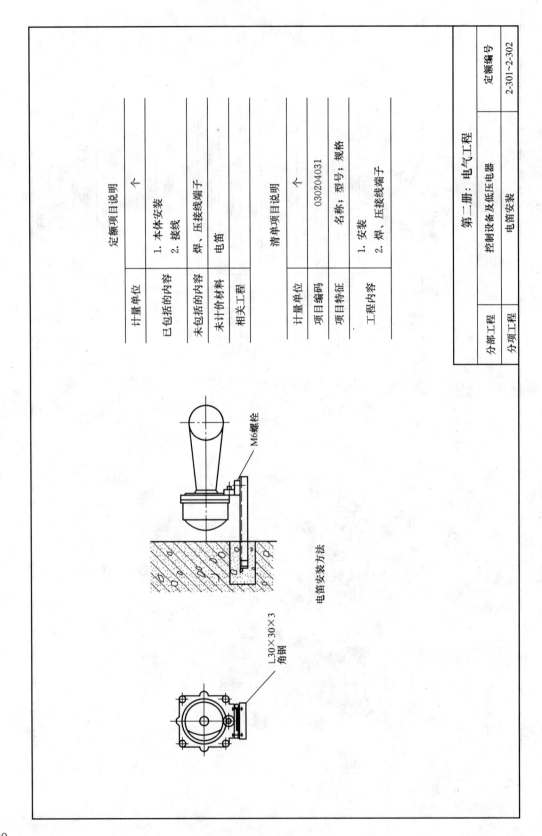

分部工程	第二册：电气工程	定额编号
分项工程	控制设备及低压电器	2-301~2-302
	电笛安装	

定额项目说明

计量单位	个
已包括的内容	1. 本体安装 2. 接线
未包括的内容	焊、压接线端子
未计价材料	电笛
相关工程	

清单项目说明

计量单位	个
项目编码	030204031
项目特征	名称；型号；规格
工程内容	1. 安装 2. 焊、压接线端子

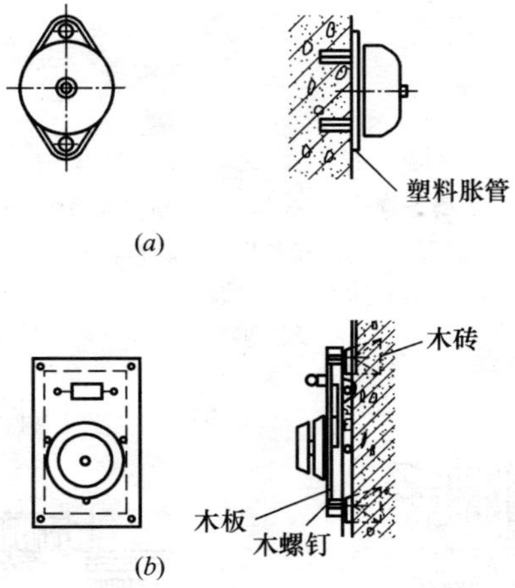

分部工程	控制设备及低压电器	定额编号
分项工程	电铃安装	2-303

第二册：电气工程

定额项目说明

计量单位	个
已包括的内容	本体安装
未包括的内容	1. 焊、压接线端子 2. 箱体
未计价材料	电铃
相关工程	

清单项目说明

计量单位	个
项目编码	030204031
项目特征	名称；型号、规格
工程内容	1. 安装 2. 焊、压接线端子

室内电铃安装方法
(a) 塑料胀管
(b) 木板、木螺钉、木砖

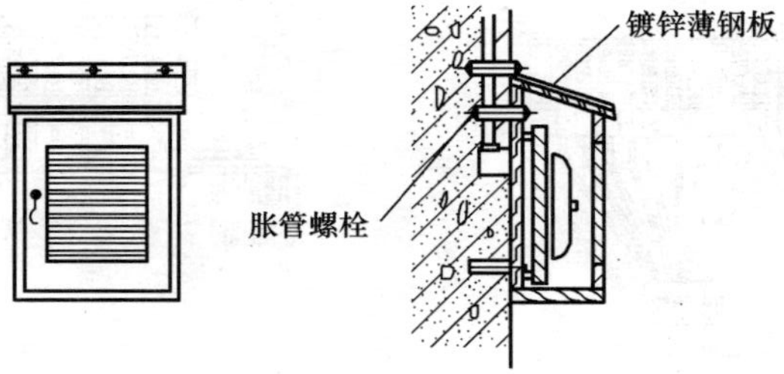

室外电铃安装方法
(a) 方式一（镀锌薄钢板）；(b) 方式二（胀管螺栓）

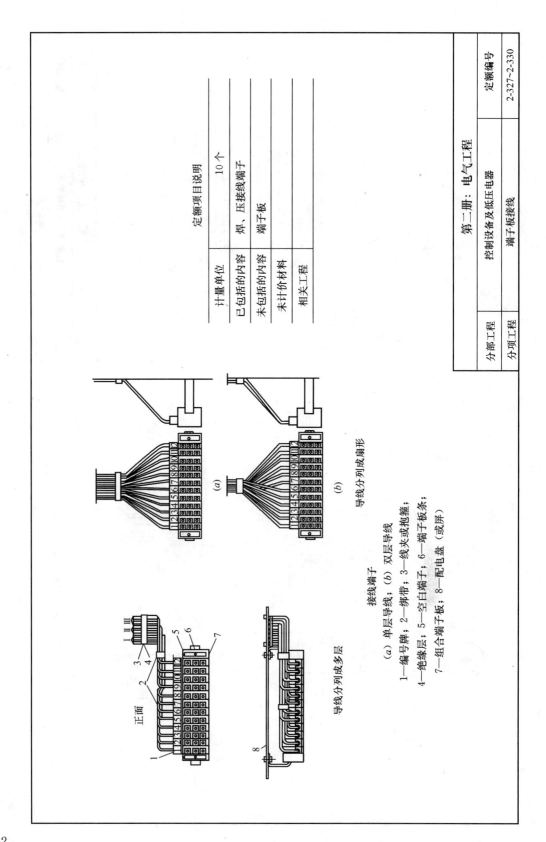

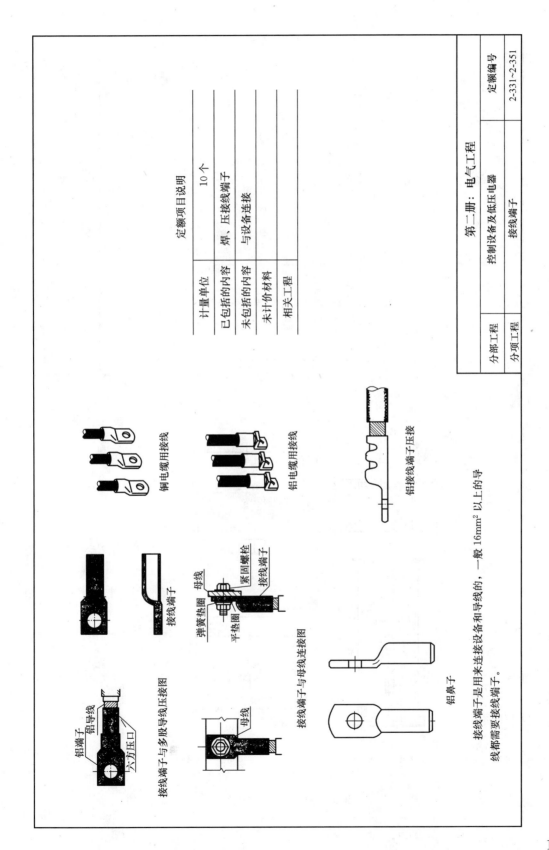

定额编号	2-331~2-351
计量单位	10 个
已包括的内容	焊、压接线端子
未包括的内容	与设备连接
未计价材料	
相关工程	

第二册：电气工程

分部工程	控制设备及低压电器
分项工程	接线端子

接线端子是用来连接设备和导线的，一般 16mm² 以上的导线都需要接线端子。

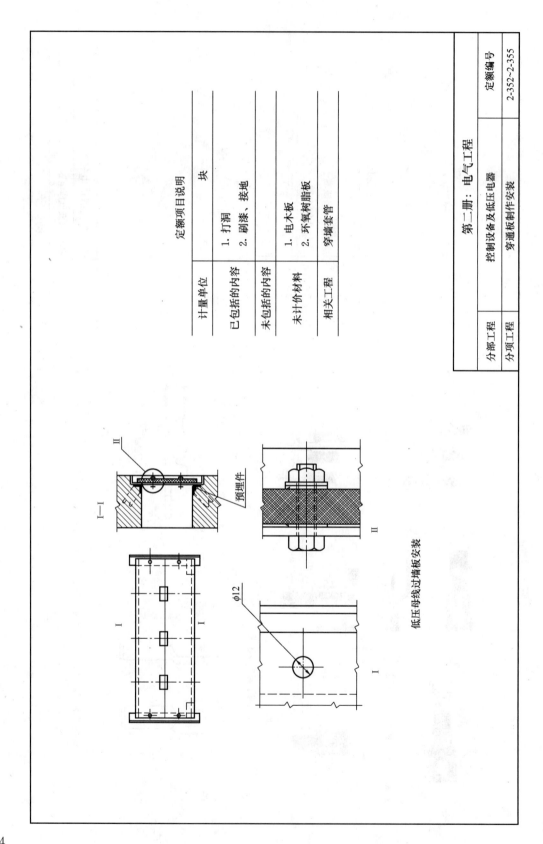

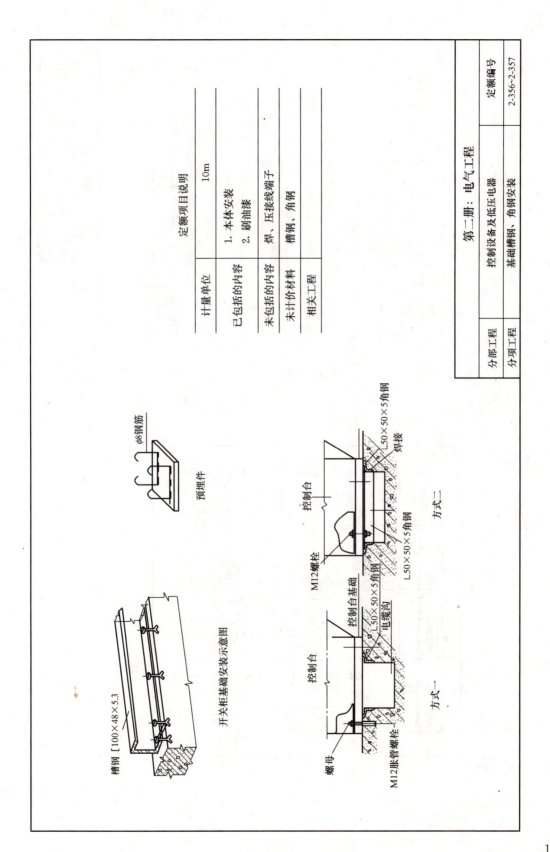

分部工程	控制设备及低压电器	定额编号	2-372~2-378
分项工程	配电板制作安装		

第二册：电气工程

定额项目说明		
计量单位	m²	
已包括的内容	1. 制作、安装 2. 接线、接地	
未包括的内容	1. 配电板内设备元件安装 2. 盘柜配线 3. 端子板外部接线	
未计价材料		
相关工程		

清单项目说明		
计量单位	台	
项目编码	030204018	
项目特征	名称；型号；规格	
工程内容	支架制作安装；设备元件安装；盘柜配线；端子板外部接线；配电板安装	

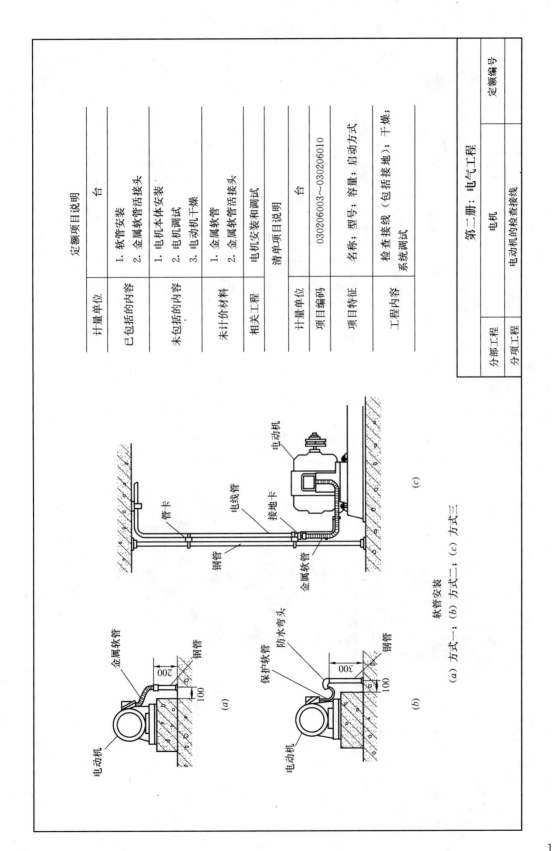

分部工程		第二册：电气工程	定额编号	2-485~2-490
分项工程		安全节能型滑触线安装	滑触装置	
定额项目说明	计量单位	100m/单相		
	已包括的内容	滑触线伸缩器		
	未包括的内容	1. 轨道安装和支架 2. 起重机的电机和各种开关 3. 控制设备 4. 管线及灯具 5. 集电器及其附件等装置		
	未计价材料	滑触线		
	相关工程	辅助母线安装，套用"车间带型母线"安装定额		
清单项目说明	计量单位	m		
	项目编码	030207001		
	项目特征	名称；型号；规格；材质		
	工程内容	滑触支架安装；滑触母线制作、安装，刷油；滑触装置安装；拉紧装置及挂式支持器制作、安装		

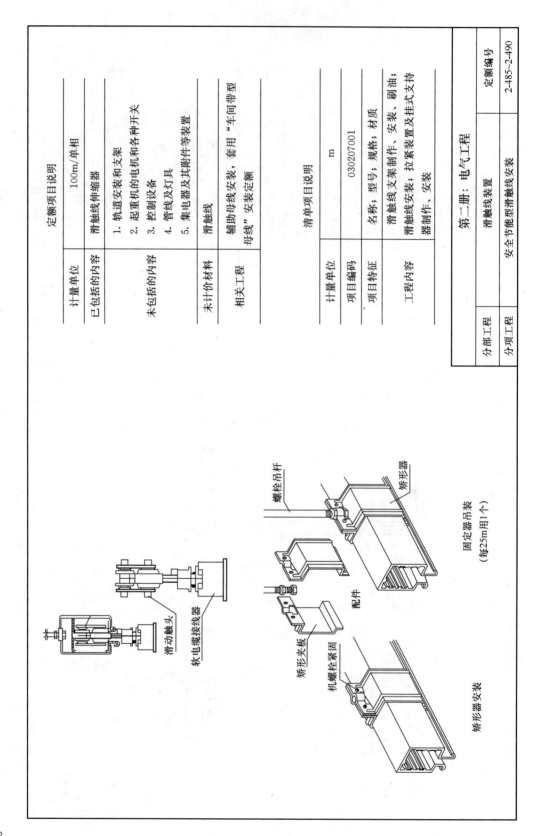

固定器吊装
（每25m用1个）

矫形器安装

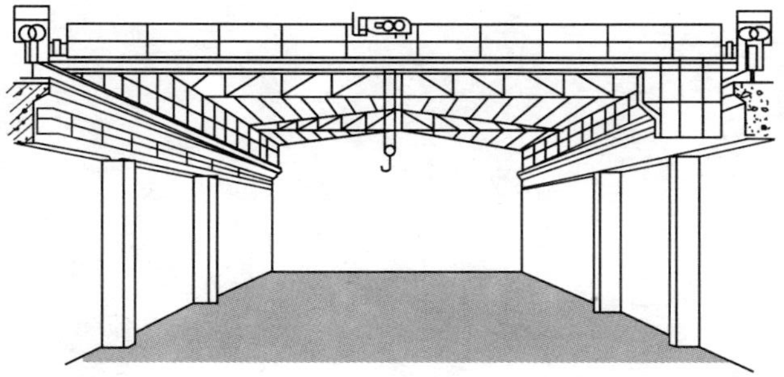

定额项目说明

计量单位	100m/单相
已包括的内容	滑触线伸缩器
未包括的内容	1. 机道安装和支架 2. 起重机的电机和各种开关 3. 控制设备 4. 管线及灯具
未计价材料	滑触线
相关工程	辅助母线安装，套用"车间带型母线"安装定额

清单项目说明

计量单位	个
项目编码	030207001
项目特征	名称；型号；规格；材质
工程内容	滑触线支架制作、安装、刷油；滑触线安装；拉紧装置及挂式支持器制作、安装

分部工程	第二册：电气工程	定额编号
分项工程	滑触线装置	2-491~2-497
	角钢、扁钢滑触线安装(1)	

角钢滑触线位置示意图

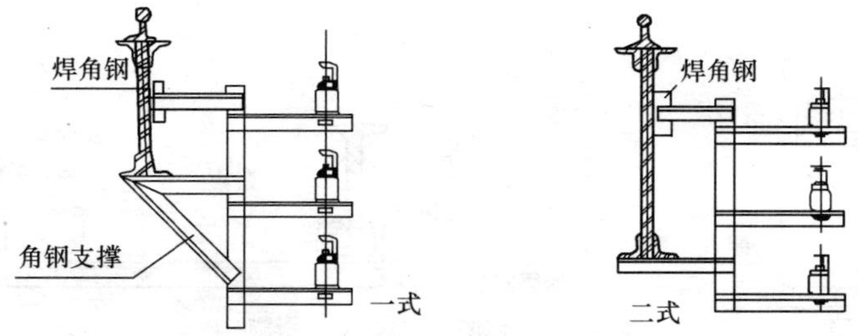

角钢滑触线在钢梁上安装

一式

二式

焊角钢

焊角钢

角钢支撑

注：所有角钢支架的规格均为50mm×50mm×5mm。

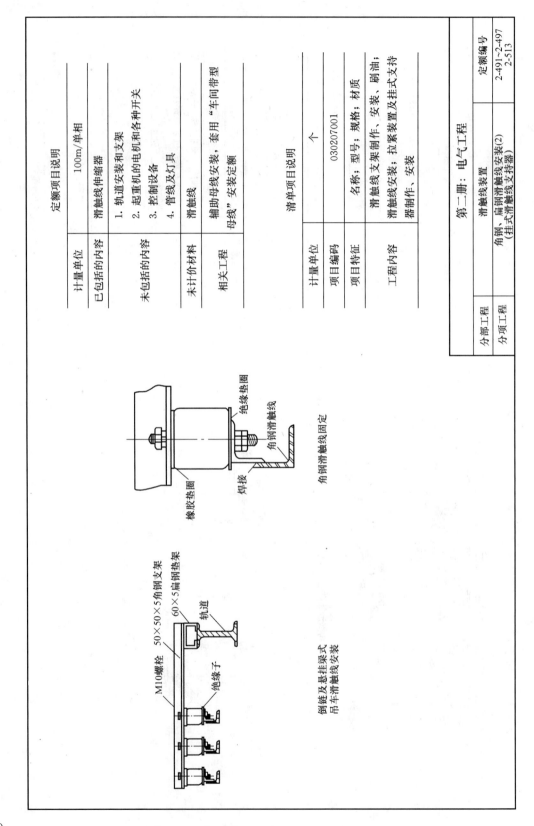

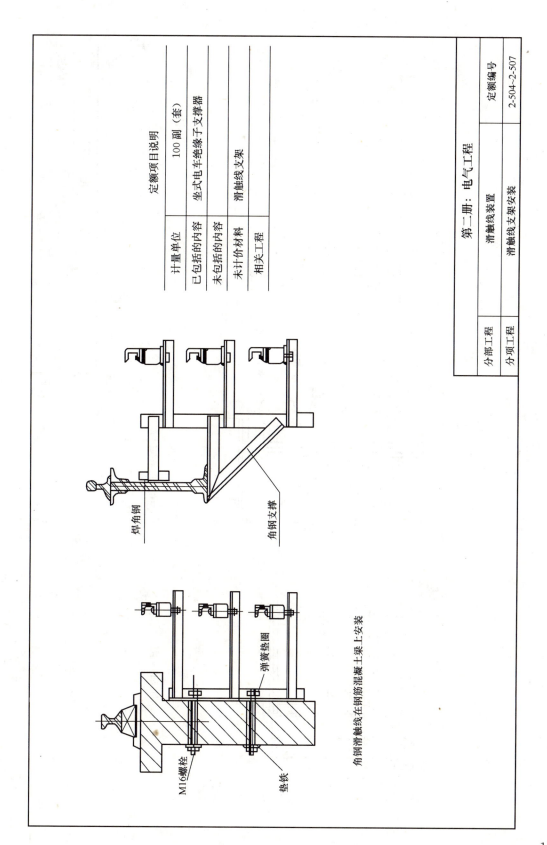

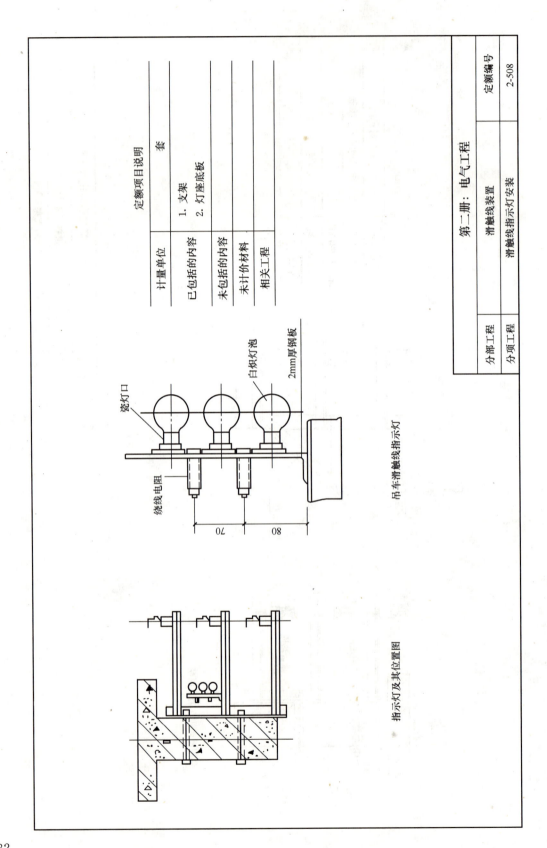

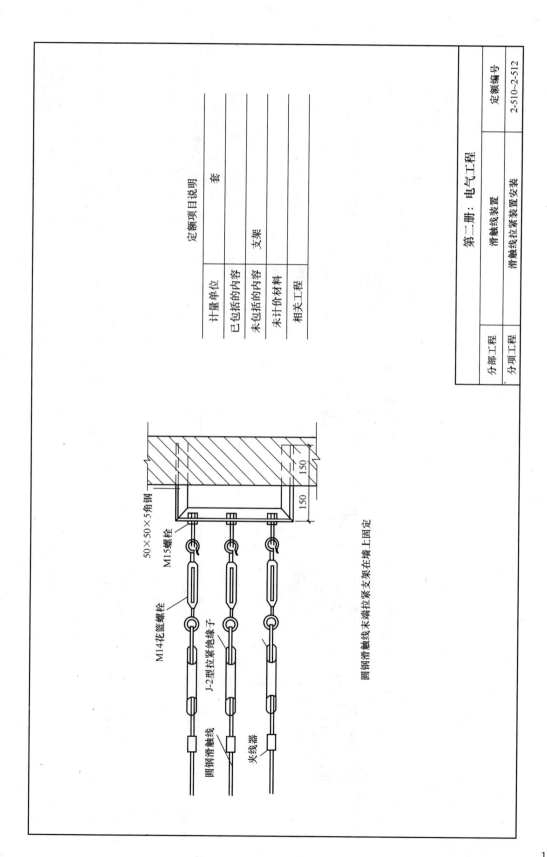

定额项目说明		
计量单位	100m	
已包括的内容	1. 钢索和拉紧装置安装 2. 电缆敷设	
未包括的内容	变电装置	
未计价材料	软电缆、滑轮、托架	
相关工程		

清单项目说明		
计量单位	m	
项目编码	030207001	
项目特征	名称；型号；规格；材质	
工程内容	滑触线支架制作、安装、刷油；滑触线安装；拉紧装置及挂式支持器制作、安装	

分部工程	第二册：电气工程	
分项工程	滑触线装置	定额编号
	沿钢索移动软电缆安装	2-514~2-516

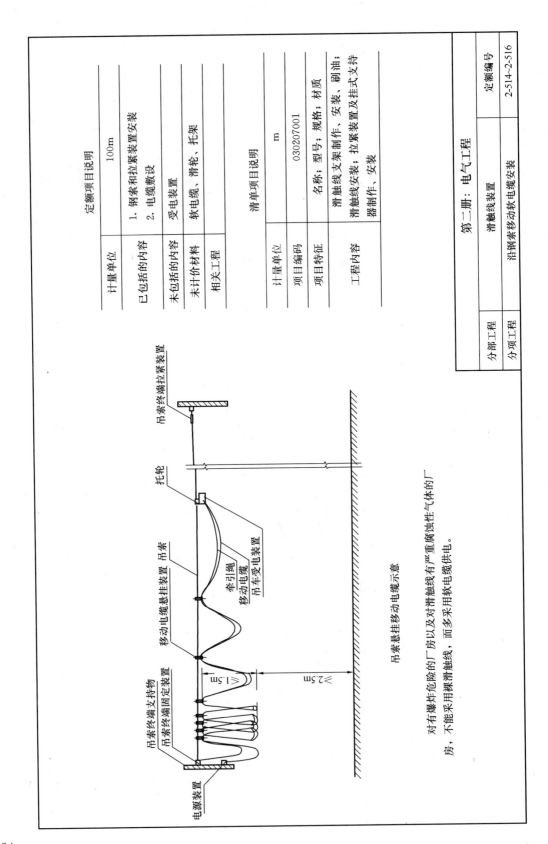

吊索悬挂移动电缆示意

对有爆炸危险的厂房以及对滑触线有严重腐蚀性气体的厂房，不能采用裸滑触线，而多采用软电缆供电。

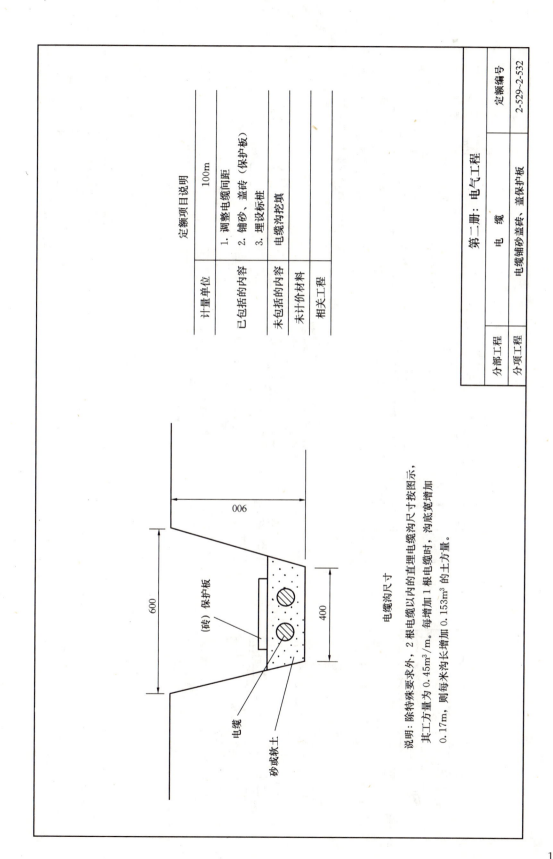

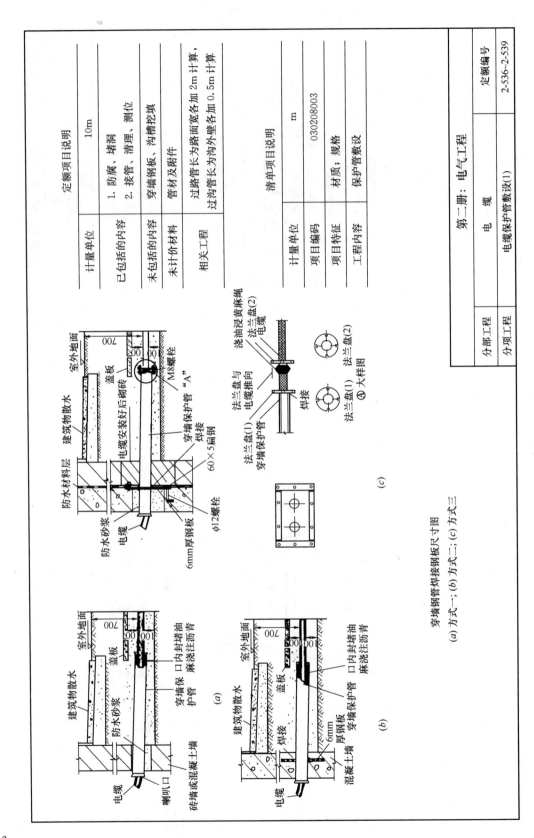

穿墙钢管焊接钢板尺寸图
(a) 方式一；(b) 方式二；(c) 方式三

分部工程	电　缆	第二册：电气工程	定额编号
分项工程	电缆保护管敷设(1)		2-536～2-539

清单项目说明

计量单位	m
项目编码	030208003
项目特征	材质；规格
工程内容	保护管敷设

定额项目说明

计量单位	10m
已包括的内容	1. 防腐、堵洞 2. 接管、清理、测位
未包括的内容	穿墙钢板、沟槽挖填
未计价材料	管材及附件
相关工程	过路管长为路面宽各加2m计算，过沟管长为沟外壁各加0.5m计算

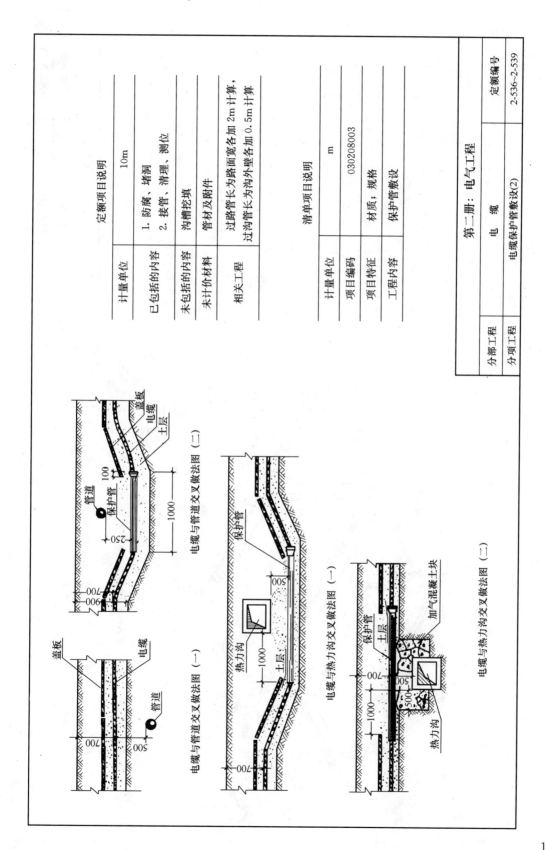

分部工程	电缆		定额编号	2-542~2-548
分项工程	钢制槽式桥架		第二册：电气工程	

定额项目说明

计量单位	10m
已包括的内容	1. 运输、组对、吊装 2. 配件、隔板、盖板安装 3. 接地、附件安装 4. 切割口防腐
未包括的内容	隔热层、保护层制作安装
未计价材料	桥架、盖板、隔板
相关工程	

清单项目说明

计量单位	m
项目编码	030208004
项目特征	1. 型号 2. 材质 3. 类型
工程内容	1. 制作、除锈、刷油 2. 安装

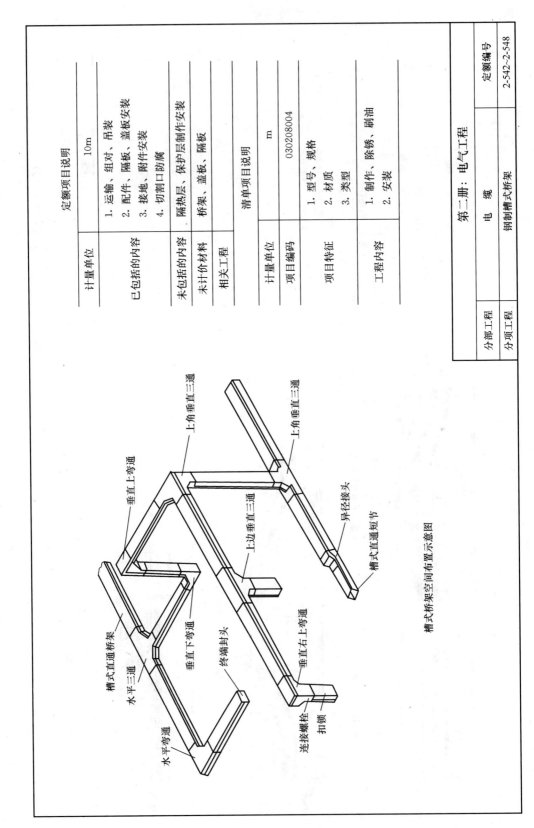

槽式桥架空间布置示意图

分部工程		第二册：电气工程	定额编号
分项工程		电 缆	2-549~2-554
		钢制梯式桥架	

	清单项目说明		定额项目说明
计量单位	m	计量单位	10m
项目编码	030208004	已包括的内容	1. 运输、组对、吊装 2. 配件、隔板、盖板安装 3. 接地、附件安装 4. 切割口防腐
项目特征	1. 型号、规格 2. 材质 3. 类型	未包括的内容	隔热层、保护层制作安装
		未计价材料	桥架、盖板、隔板
工程内容	1. 制作、除锈、刷油 2. 安装	相关工程	

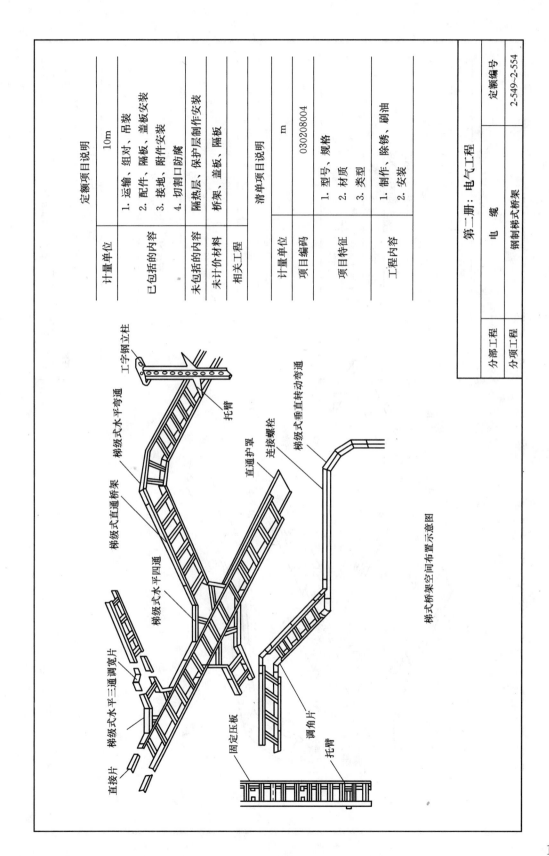

梯式桥架空间布置示意图

139

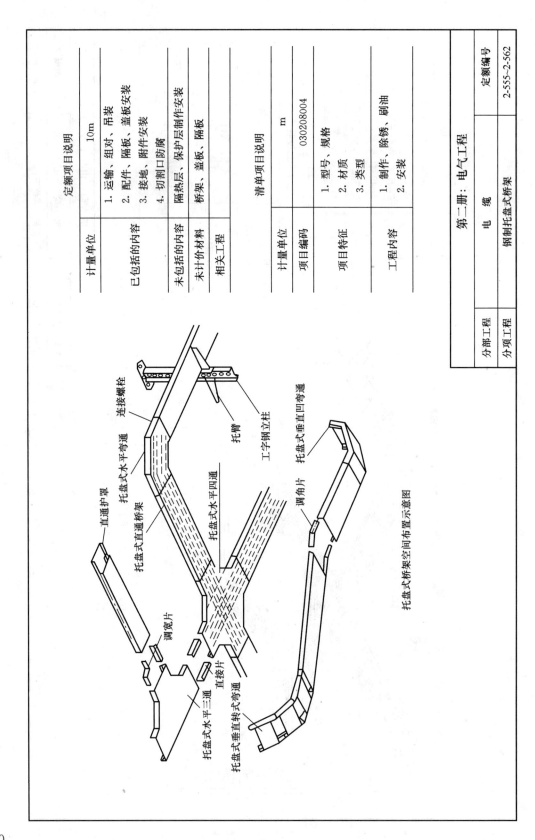

托盘式桥架空间布置示意图

分部工程	第二册:电气工程	定额编号
分项工程	电 缆	2-555~2-562
	钢制托盘式桥架	

计量单位	10m
已包括的内容	1. 运输、组对、吊装 2. 配件、隔板、盖板安装 3. 接地、附件安装 4. 切割口防腐
未包括的内容	隔热层、保护层制作安装
未计价材料	桥架、盖板、隔板
相关工程	

清单项目说明	
计量单位	m
项目编码	030208004
项目特征	1. 型号、规格 2. 材质 3. 类型
工程内容	1. 制作、除锈、刷油 2. 安装

分部工程	第二册：电气工程	定额编号	2-591
分项工程	电缆 钢制组合式桥架		

定额项目说明

计量单位	10m
已包括的内容	1. 运输、组对、吊装 2. 配件、隔板、盖板安装 3. 接地、附件安装 4. 切割口防腐
未包括的内容	隔热层、保护层制作安装
未计价材料	桥架
相关工程	

清单项目说明

计量单位	m
项目编码	030208004
项目特征	1. 型号、规格 2. 材质 3. 类型
工程内容	1. 制作、除锈、刷油 2. 安装

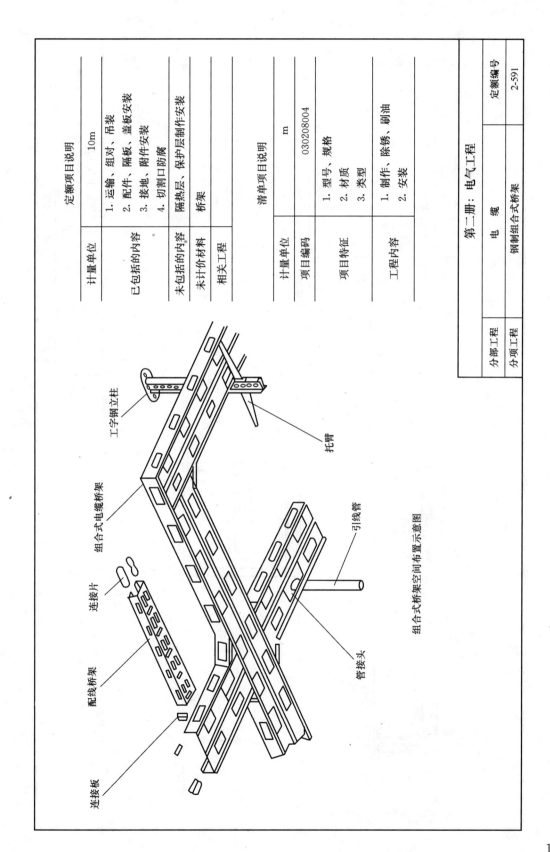

组合式桥架空间布置示意图

定额编号		2-592
第二册：电气工程		
电缆		
桥架支撑架		

分部工程	
分项工程	

定额项目说明

计量单位	10m
已包括的内容	运输、组对、固定
未包括的内容	防腐
未计价材料	支撑架
相关工程	

清单项目说明

计量单位	t
项目编码	030208005
项目特征	1. 规格 2. 材质
工程内容	1. 制作、除锈、刷油 2. 安装

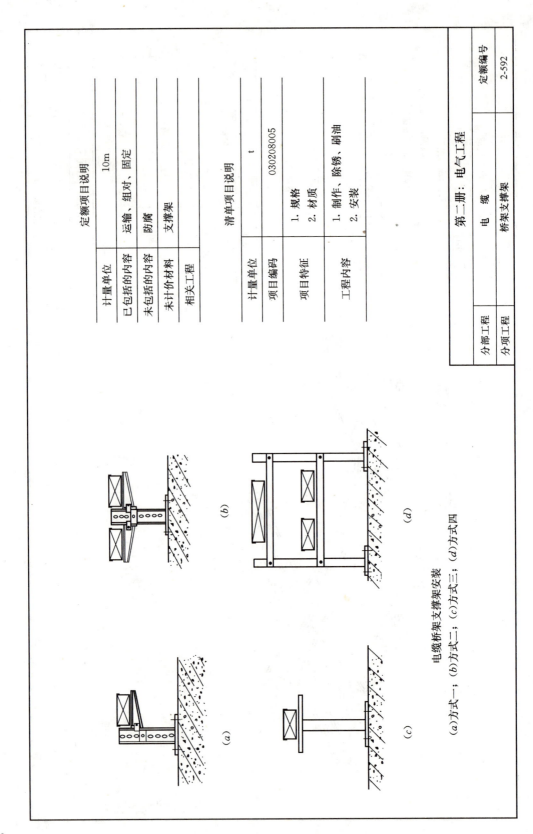

电缆桥架支撑架安装
(a)方式一；(b)方式二；(c)方式三；(d)方式四

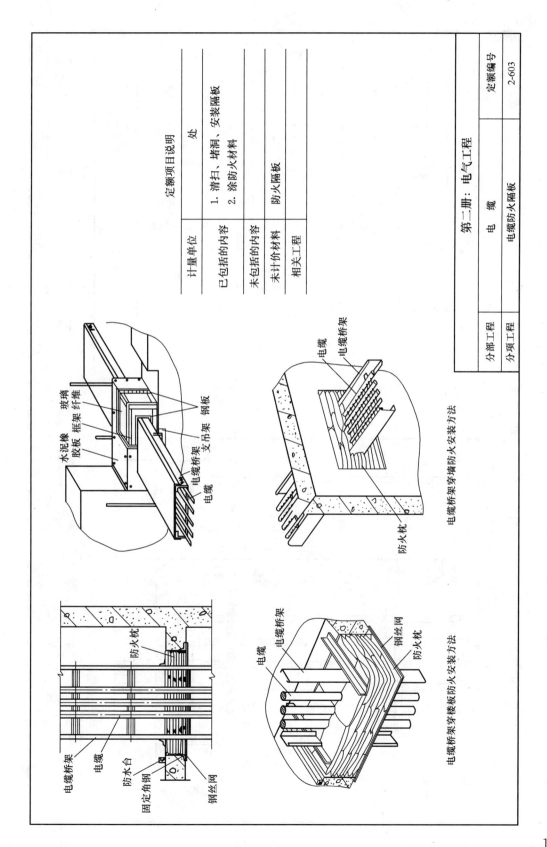

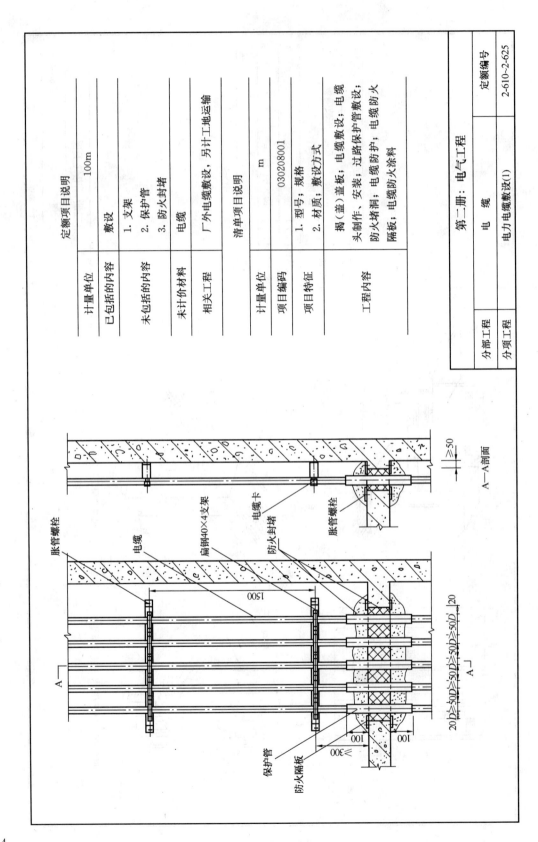

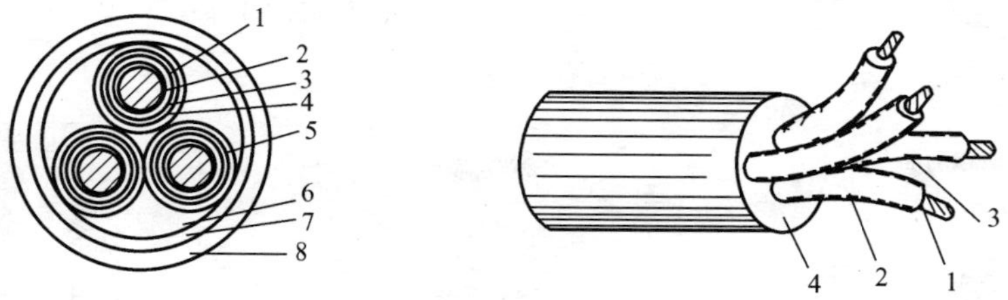

分部工程	第二册：电气工程		
分项工程	电力电缆	电力电缆敷设(2)	定额编号	2-610~2-625

定额项目说明

计量单位	10m
已包括的内容	敷设
未包括的内容	1. 钢索及拉紧装置 2. 隔热层、保护层的制作安装 3. 积水区、水底、冬季加温等特殊条件的措施费
未计价材料	电缆
相关工程	厂外电缆敷设，另计工地运输

清单项目说明

计量单位	m
项目编码	030208001
项目特征	1. 型号；规格 2. 材质；敷设方式
工程内容	揭（盖）盖板；电缆敷设；电缆头制作、安装；过路保护管敷设；防火堵洞；电缆防护；电缆防火隔板、电缆防火涂料

橡皮电缆的结构
1—导线；2—导线屏蔽层；3—橡皮绝缘层；
4—半导体屏蔽层；5—铜带屏蔽层；6—填料；
7—橡皮布带层；8—聚氯乙烯外护套

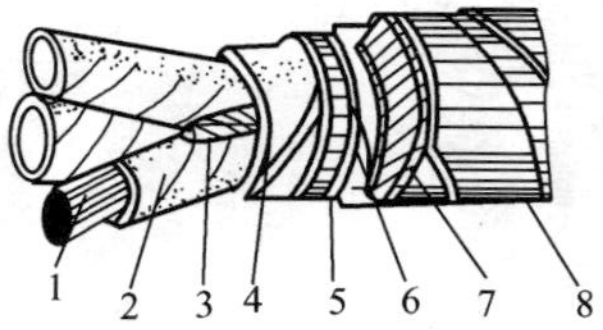

油浸纸绝缘铠装电缆
1—导电芯线；2—分相纸绝缘；3—保持电缆芯呈圆形的充填物；
4—统包纸绝缘；5—铅护套；6—保护铅护套的浸沥青纸衬垫；
7—保护铅护套的浸沥青黄麻；8—钢带铠装

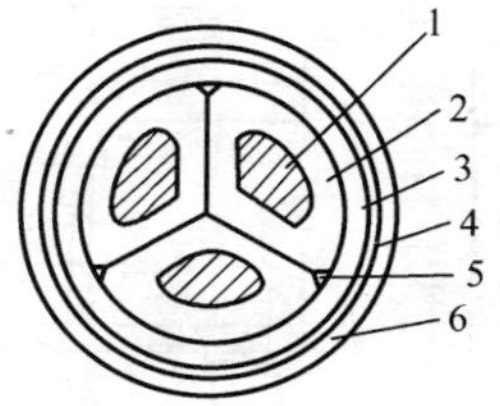

聚氯乙烯塑料电缆结构
1—导线；2—聚氯乙烯绝缘；3—聚氯乙烯内护套；
4—铠装层（铅或铝）；5—填料；6—聚氯乙烯外护套

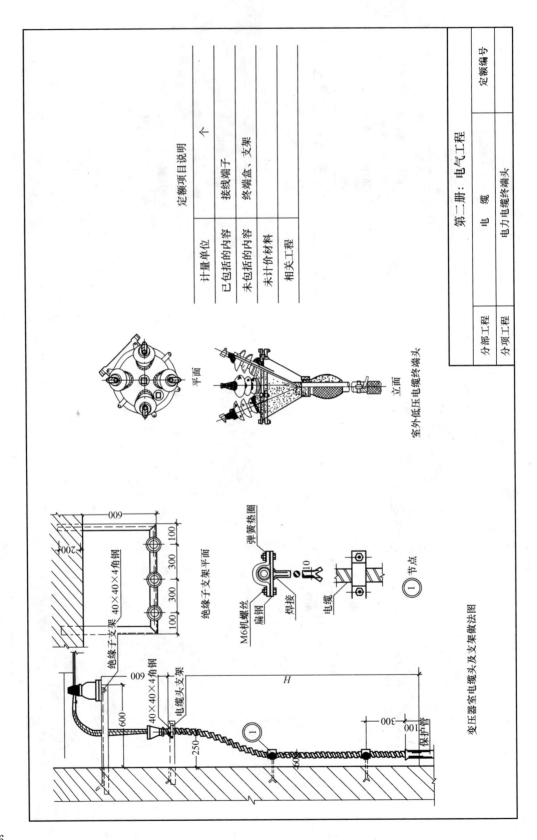

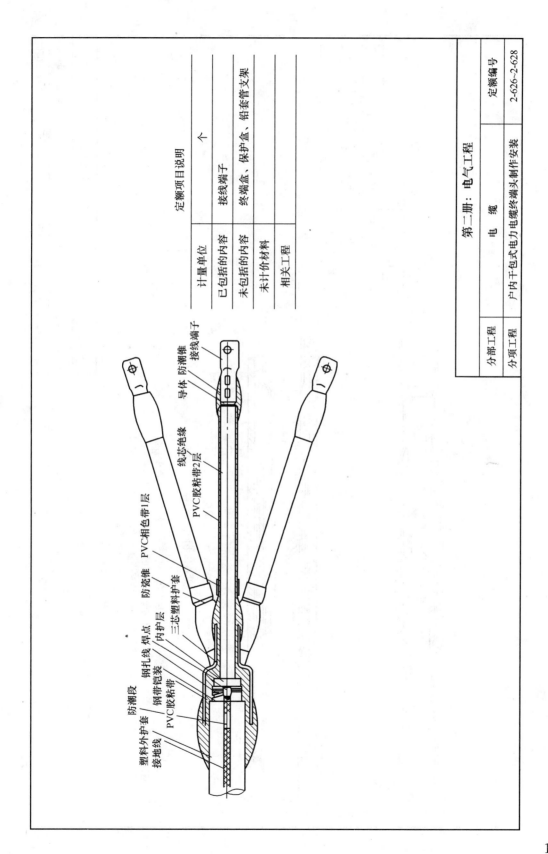

定额项目说明		
计量单位	个	
已包括的内容	接线端子	
未包括的内容	终端盒、保护盒、铅套管支架	
未计价材料		
相关工程		

分部工程	第二册：电气工程	定额编号
分项工程	电缆	2-626~2-628
	户内干包式电力电缆终端头制作安装	

147

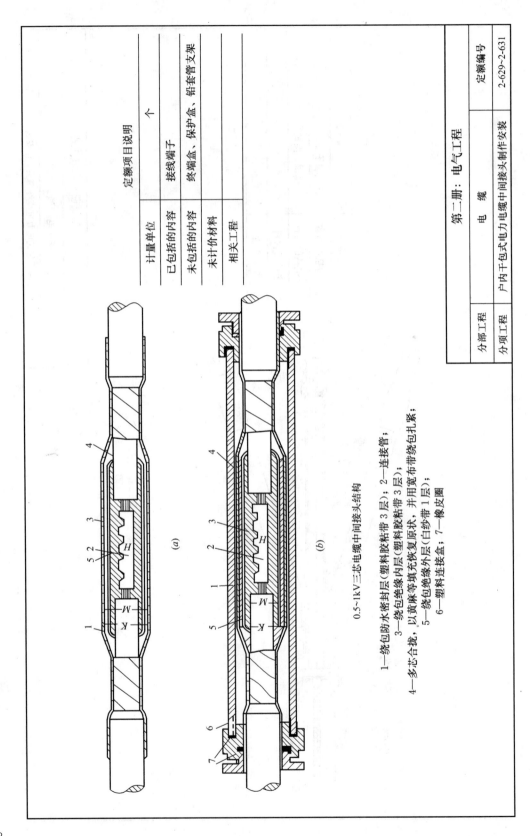

0.5~1kV三芯电缆中间接头结构

1—绕包防水密封层(塑料胶粘带3层); 2—连接管;
3—绕包绝缘内层(塑料胶粘带3层);
4—多芯合拢,以黄麻等填充恢复原状,并用宽布带绕包扎紧;
5—绕包绝缘外层(白纱带1层);
6—塑料连接盒; 7—橡皮圈

定额项目说明		个
计量单位		
已包括的内容	接线端子	
未包括的内容	终端盒、保护盒、铅套管支架	
未计价材料		
相关工程		

分部工程	第二册: 电气工程	定额编号
分项工程	电 缆	2-629~2-631
	户内干包式电力电缆中间接头制作安装	

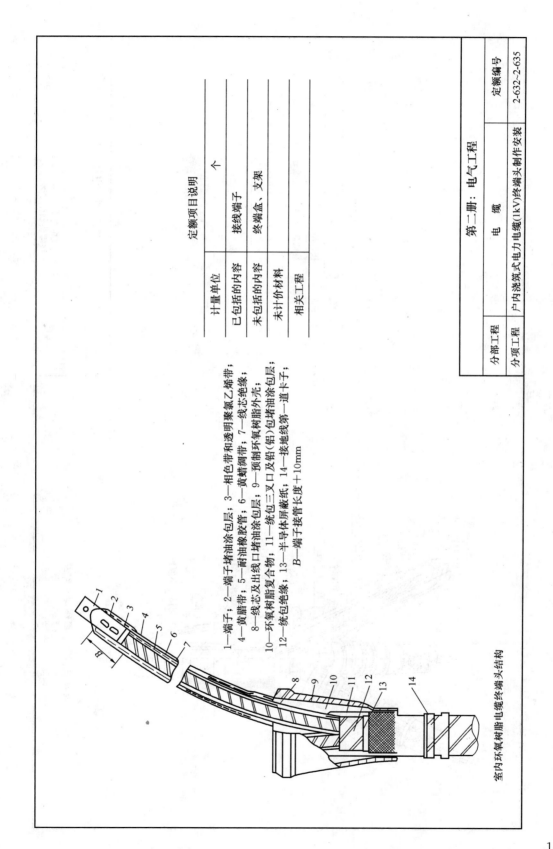

室内环氧树脂电缆终端头结构

1—端子；2—端子堵油涂包层；3—相色带和透明聚乙烯带；
4—黄腊带；5—耐油橡胶管；6—黄蜡绸带；7—线芯绝缘；
8—线芯及出线口堵油涂包层；9—预制环氧树脂外壳；
10—环氧树脂复合物；11—统包三叉口反铅(铝)包堵油涂包层；
12—统包绝缘；13—半导体屏蔽纸；14—接地线第一道卡子；
B—端子接管长度+10mm

分部工程	电气工程	第二册：电气工程	定额编号
分项工程	户内浇筑式电力电缆(1kV)终端头制作安装	电缆	2-632-2-635

定额项目说明

计量单位	个
已包括的内容	接线端子
未包括的内容	终端盒、支架
未计价材料	
相关工程	

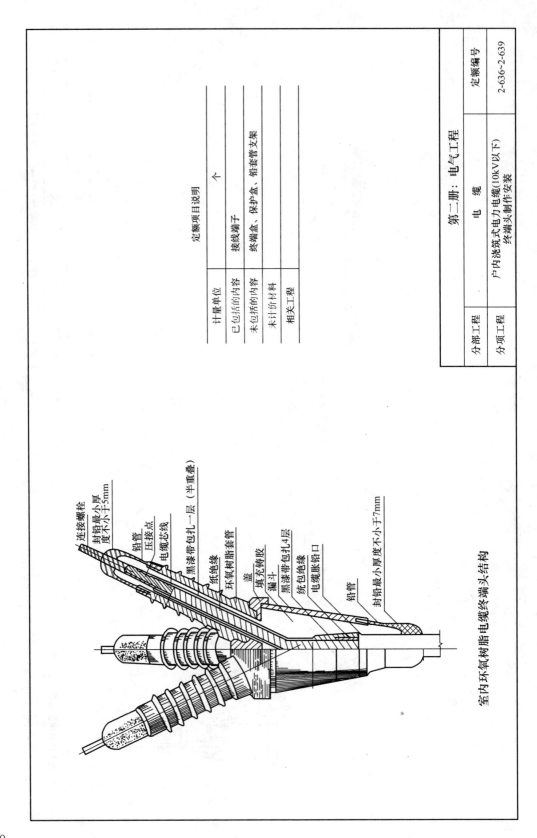

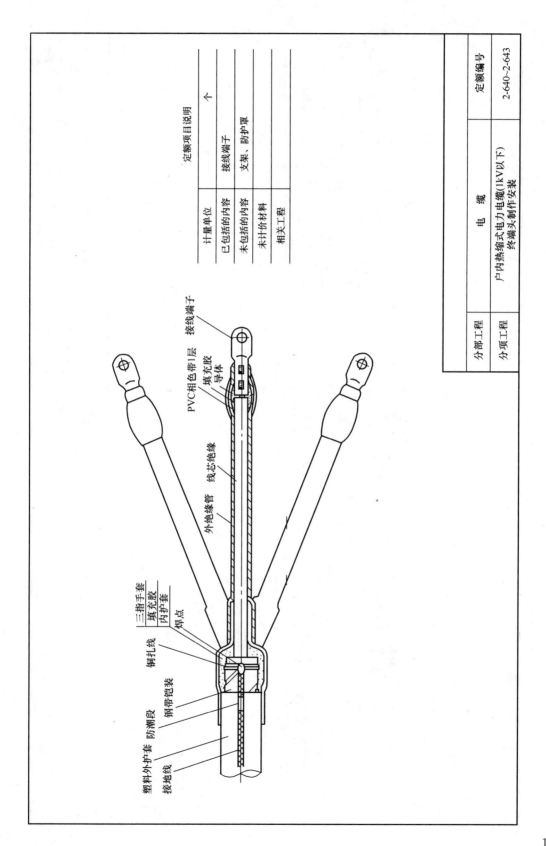

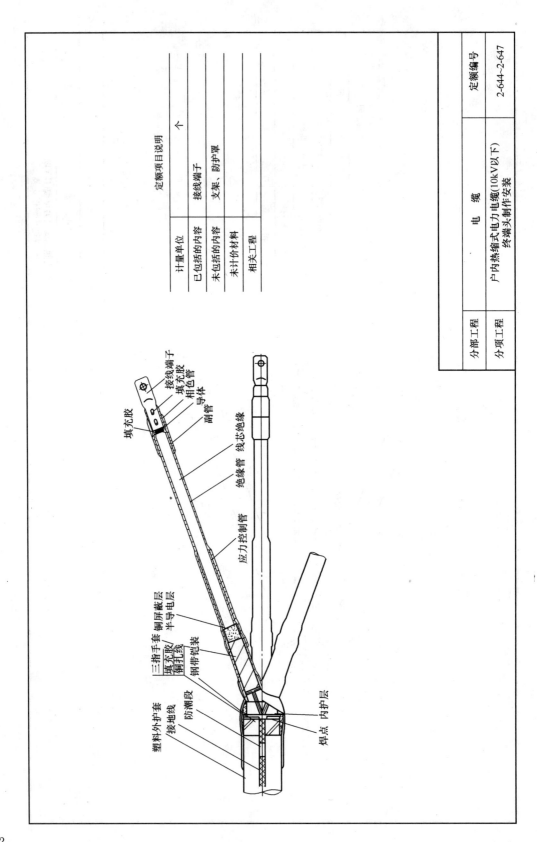

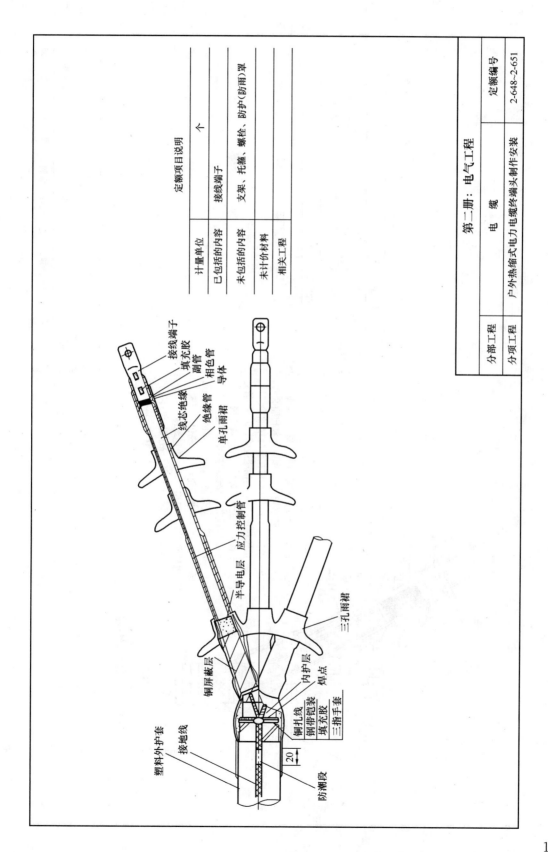

分部工程	电缆	定额编号
分项工程	户外热缩式电力电缆终端头制作安装	2-648~2-651

第二册：电气工程

定额项目说明	
计量单位	个
已包括的内容	接线端子
未包括的内容	支架、托盘、螺栓、防护（防雨）罩
未计价材料	
相关工程	

153

室外环氧树脂电缆终端头结构图

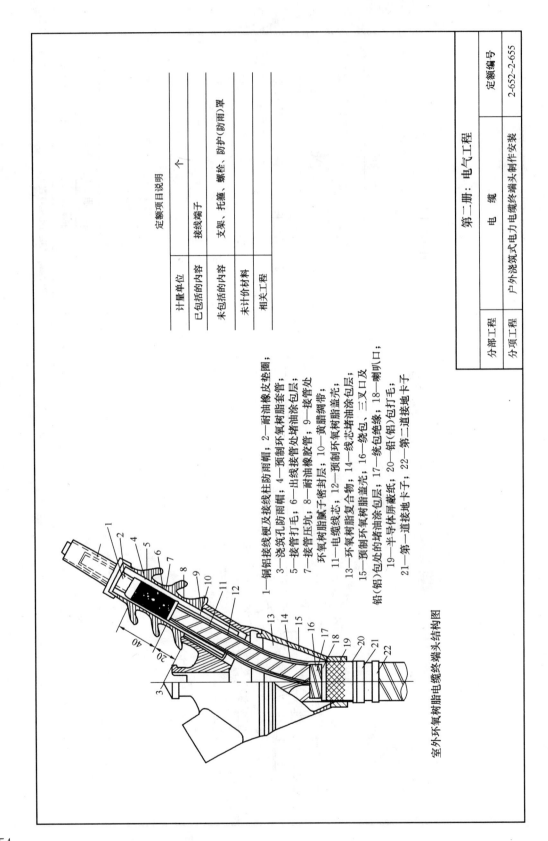

1—铜铝接线鼻及接线柱防雨帽；2—耐油橡皮垫圈；
3—浇筑孔防雨帽；4—预制环氧树脂套管；
5—接管打毛；6—出线接管防堵油涂包层；7—接管压坑；8—耐油橡胶管；9—接管处环氧树脂腻子密封层；10—黄腊绸带；
11—电缆线芯；12—预制环氧树脂盖壳；
13—预制环氧树脂复合物；14—线芯防堵油涂包层；
15—预制环氧树脂盖油涂包层；16—绕包、三叉口皮铅(铝)包处的堵油涂包层；17—包、三叉口皮；18—喇叭口；
19—半导体屏蔽纸；20—铅(铝)包打毛；
21—第一道接地卡子；22—第二道接地卡子；

计量单位	个
已包括的内容	接线端子
未包括的内容	支架、托攀、螺栓、防护(防雨)罩
未计价材料	
相关工程	

分部工程	第二册：电气工程	定额编号
	电 缆	2-652~2-655
分项工程	户外浇筑式电力电缆终端头制作安装	

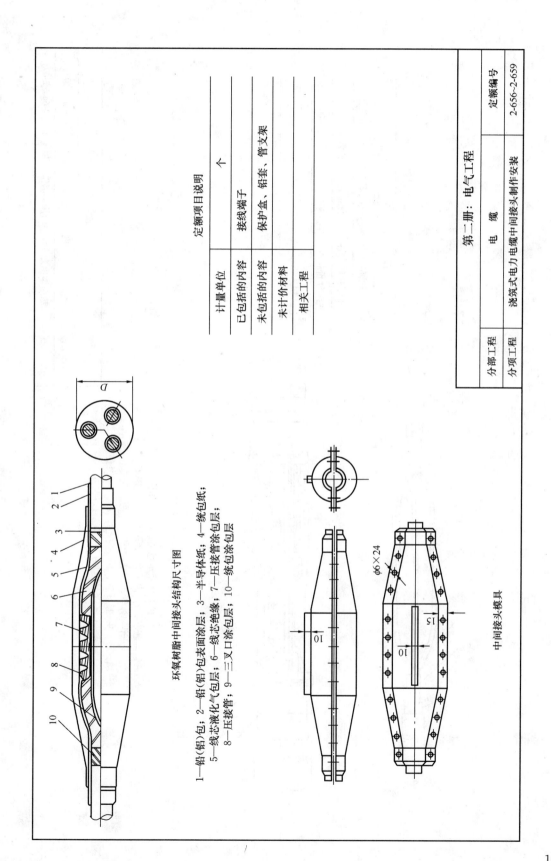

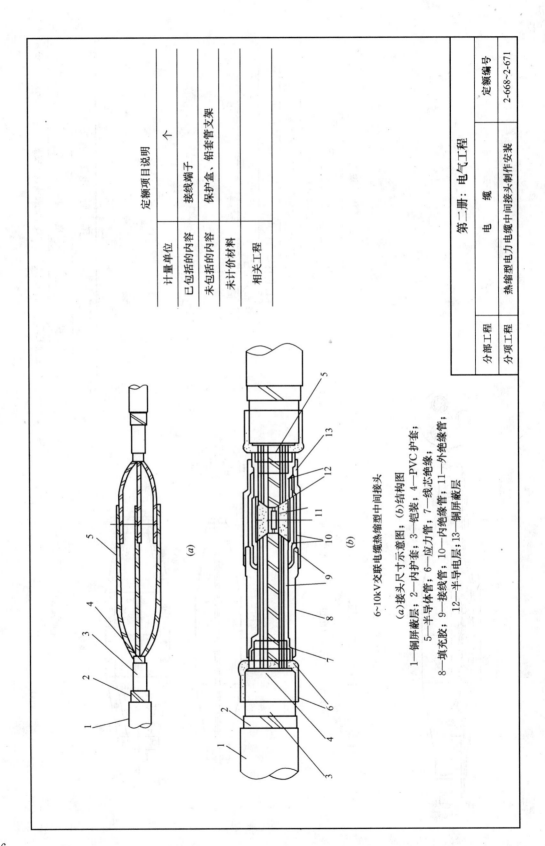

6~10kV交联电缆热缩型中间接头

(a)接头尺寸示意图；(b)结构图

1—铜屏蔽层；2—内护套；3—铠装；4—PVC护套；
5—半导体胶；6—应力管；7—线芯绝缘；
8—填充胶；9—接线管；10—内绝缘管；11—外绝缘管；
12—半导电层；13—铜屏蔽层

定额项目说明		
计量单位		个
已包括的内容		接线端子
未包括的内容		保护盒、铅套管支架
未计价材料		
相关工程		

分部工程	第二册：电气工程	定额编号
	电缆	2-668~2-671
分项工程	热缩型电力电缆中间接头制作安装	

定额项目说明	
计量单位	个
已包括的内容	接线端子
未包括的内容	铅套管、固定支架
未计价材料	
相关工程	

控制电缆中间接头内连接点的排列

控制电缆中间接头和终端接头的做法，与电力电缆基本相同，但工艺要比电力电缆简单，控制电缆的中间接头，在一般情况下，最好尽量避免发生中间接头。如果实际需要电缆长度超过制造长度时，则可采用铅套管或环氧树脂浇筑中间接头。

分部工程	第二册：电气工程	定额编号
	电 缆	
分项工程	控制电缆中间接头制作安装	2-685~2-687

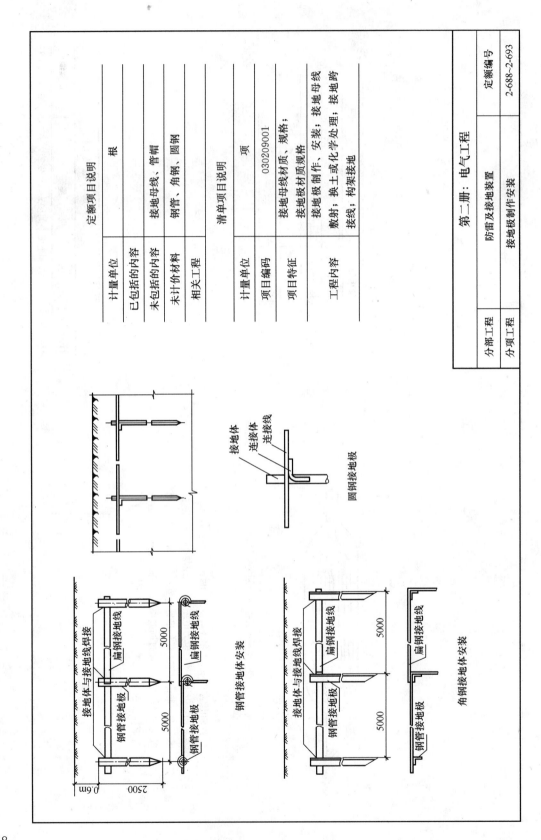

定额编号	2-688~2-693

第二册：电气工程

分部工程	防雷及接地装置
分项工程	接地极制作安装

定额项目说明

计量单位	根
已包括的内容	
未包括的内容	接地母线、管帽
未计价材料	钢管、角钢、圆钢
相关工程	

清单项目说明

计量单位	项
项目编码	030209001
项目特征	接地母线材质、规格；接地极材质规格；
工程内容	接地极制作、安装；接地母线敷设；换土或化学处理；接地跨接线；构架接地

定额项目说明	
计量单位	10m
已包括的内容	支持卡子
未包括的内容	
未计价材料	接地母线（包括钢带、铜绞线）
相关工程	

清单项目说明	
计量单位	项
项目编码	030209001
项目特征	接地母线材质、规格；接地极材质规格
工程内容	接地母线制作、安装；接地母线敷设；换土或化学处理；接地跨接线；构架接地

室内接地干线安装示意图

分部工程	防雷及接地装置	第二册：电气工程	定额编号
分项工程	户内接地母线敷设		2-696

定额项目说明		
计量单位	10m	
已包括的内容	挖沟、敷设、土方回填、刷漆	
未包括的内容	矿、矿渣、积水、障碍物排出等	
未计价材料	接地母线(包括钢带、铜绞线)	
相关工程		

清单项目说明		
计量单位	项	
项目编码	030209001	
项目特征	接地母线材质、规格;接地极材质规格	
工程内容	接地极制作、安装;接地母线敷设;换土或化学处理;接地跨接线;构架接地	

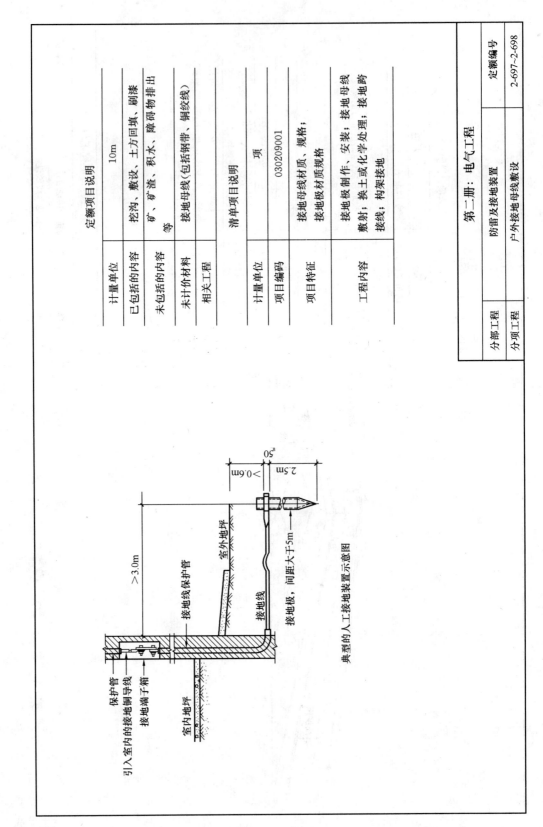

典型的人工接地装置示意图

分部工程	防雷及接地装置	定额编号
分项工程	户外接地母线敷设	2-697~2-698

第二册:电气工程

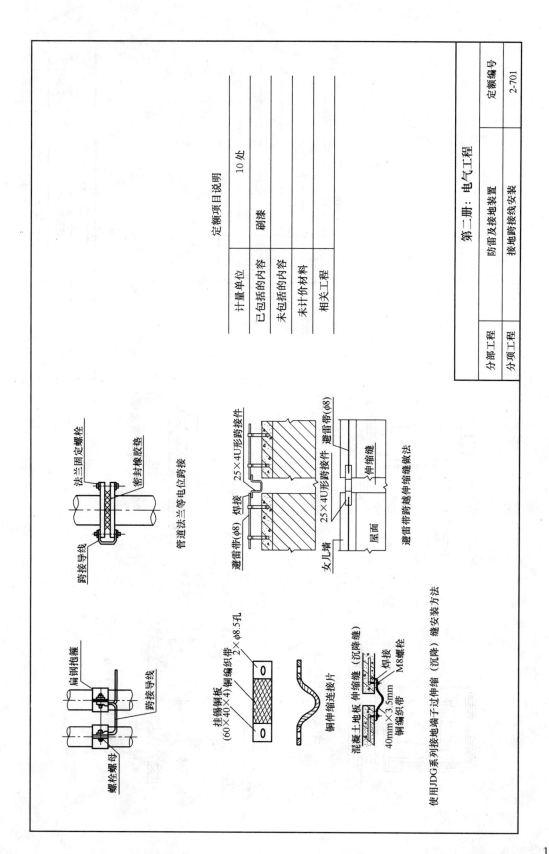

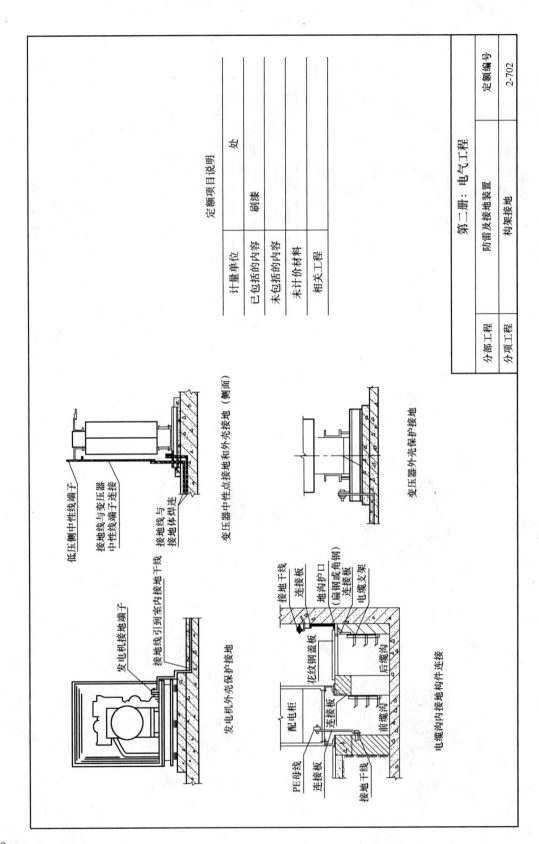

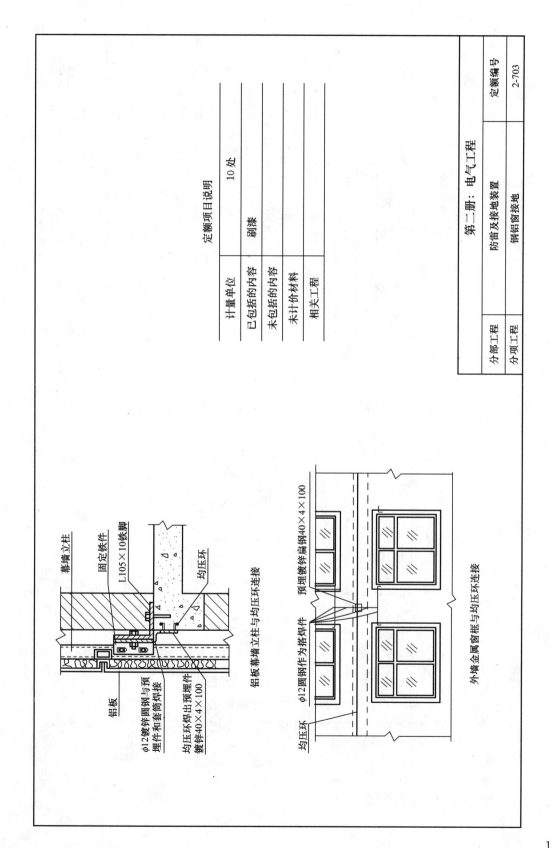

计量单位	根
已包括的内容	刷漆
未包括的内容	安装包括支架和预埋件
未计价材料	底座 针尖、针体材料（钢管、圆钢、铜质针尖）
相关工程	
计量单位	根
项目编码	030209002
项目特征	受雷体名称、材质、规格、技术要求；引下线材质、规格；接地极材质、规格、接地母线（引下形式）；均压环材质、技术要求
工程内容	避雷针（网）、引下线、断接卡子、拉线、接地板（板、桩）制作安装；油漆、接地、换土或化学处理、钢铝窗接地、均压环敷设；柱主筋与圈梁焊接

分部工程	第二册：电气工程	定额编号
	防雷及接地装置	2-704～2-710 2-717～2-722
分项工程	避雷针制作 避雷针安装（平屋面）	

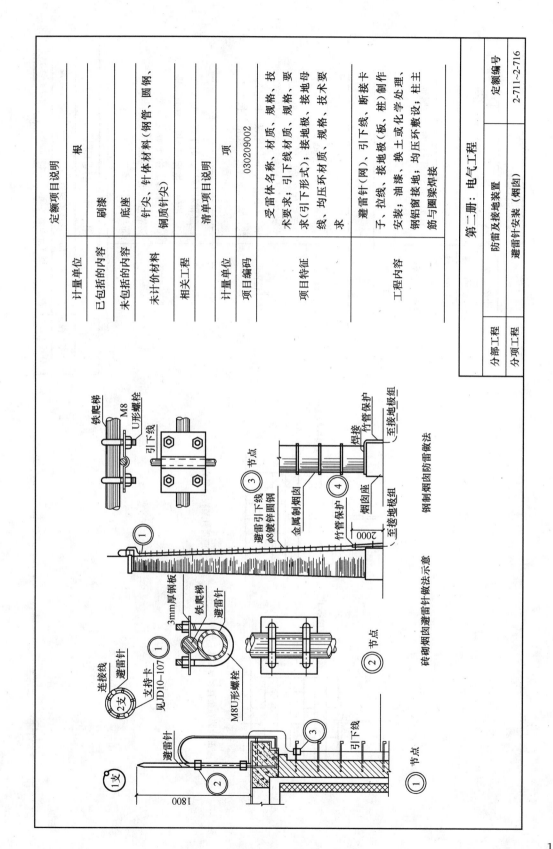

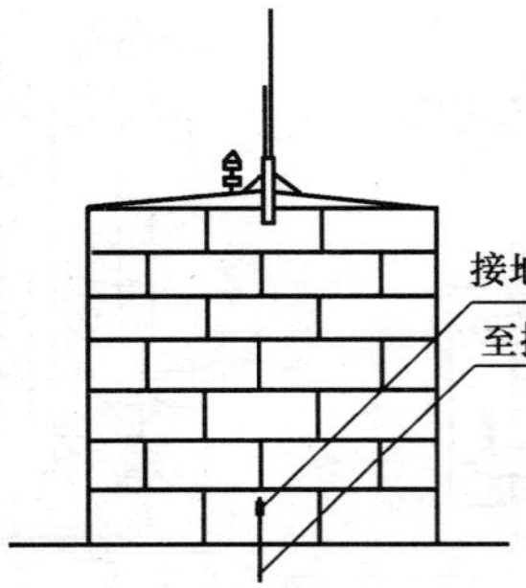

避雷针装在金属容器壁上

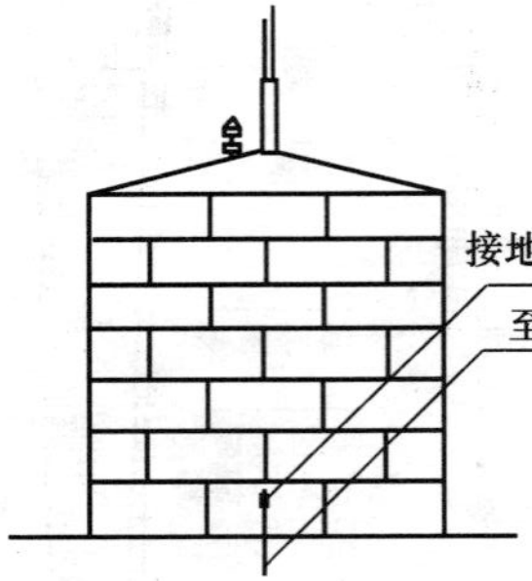

避雷针装在金属容器顶

定额项目说明

计量单位	根
已包括的内容	刷漆
未包括的内容	底座
未计价材料	针尖、针体材料（钢管、圆钢、铜质针尖）
相关工程	

清单项目说明

计量单位	项
项目编码	030209002
项目特征	受雷体名称、材质、规格、技术要求；引下线材质、规格、要求（引下形式）；接地极、接地母线、均压环材质、规格、技术要求
工程内容	避雷针（网）、引下线、断接卡子、拉线、接地极（板、桩）制作安装；油漆、换土或化学处理、钢铝窗接地；均压环敷设；柱主筋与圈梁焊接

第二册：电气工程		
分部工程	防雷及接地装置	定额编号
分项工程	避雷针安装（金属容器顶、金属容器壁）	2-730~2-733

分部工程	防雷及接地装置	第二册：电气工程	定额编号
分项工程	避雷针安装（水塔）		2-734~2-736

定额项目说明		
计量单位	根	
已包括的内容	刷漆	
未包括的内容	底座	
未计价材料	针尖、针体材料（钢管、圆钢、铜质针尖）	
相关工程		

清单项目说明	
计量单位	项
项目编码	030209002
项目特征	受雷体名称、材质、规格、技术要求；引下线材质、规格、要求（引下形式）；接地极材质、规格、要求；均压环材质、规格、技术要求
工程内容	避雷针（网）、引下线、断接卡子、拉线、接地极（板、桩）制作、安装、油漆、换土或化学处理、钢铝窗接地、均压环敷设；柱主筋与圈梁焊接

钢筋混凝土倒锥壳水塔防雷装置做法

定额项目说明	
计量单位	基
已包括的内容	吊装、刷漆
未包括的内容	针体制作
未计价材料	
相关工程	

清单项目说明	
计量单位	项
项目编码	030209002
项目特征	受雷体名称、材质、规格、技术要求；引下线材质、规格、接地母线、均压环材质、规格、技术要求（引下形式）；接地极材质、规格、技术要求
工程内容	避雷针（网）、引下线、断接卡子、拉线、接地板（板、桩）制作安装；油漆、换土或化学处理、钢铝窗接地；均压环敷设；柱主筋与圈梁焊接

分部工程	防雷及接地装置	定额编号
分项工程	独立避雷针安装	2-737~2-740

第二册：电气工程

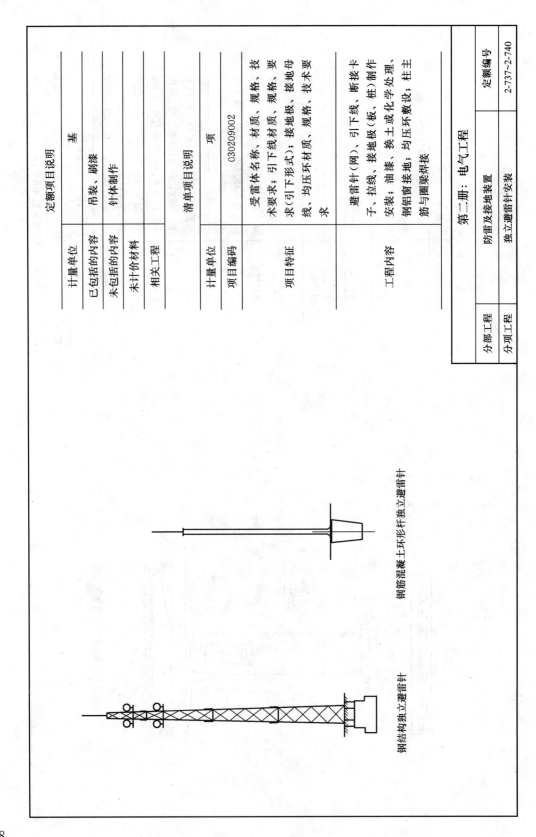

钢筋混凝土环形杆独立避雷针

钢结构独立避雷针

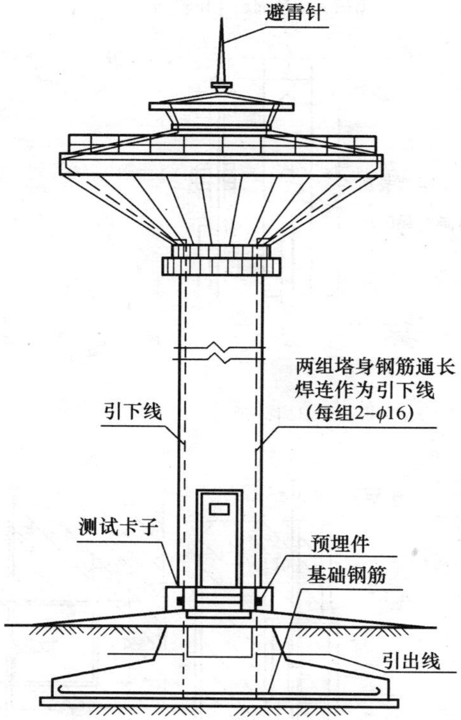

定额项目说明		
计量单位	10m	
已包括的内容	朴漆	
未包括的内容		
未计价材料	引下线	
相关工程		
清单项目说明		
计量单位	项	
项目编码	030209002	
项目特征	受雷体名称、材质、规格、技术要求；引下线材质、规格、要求（引下形式）；接地极、接地母线、均压环材质、规格、技术要求	
工程内容	避雷针（网）、引下线、断接卡子、拉线、油漆、接地板（板、桩）制作安装；钢铝窗接地；均压环敷设；柱主筋与圈梁焊接	

分部工程	第二册：电气工程	定额编号
分项工程	防雷及接地装置 避雷引下线敷设（利用构筑物引下）	2-745

钢筋混凝土倒锥壳水塔防雷装置做法

（图示：避雷针、两组塔身钢筋通长焊连作为引下线（每组2-φ16）、引下线、测试卡子、预埋件、基础钢筋、引出线）

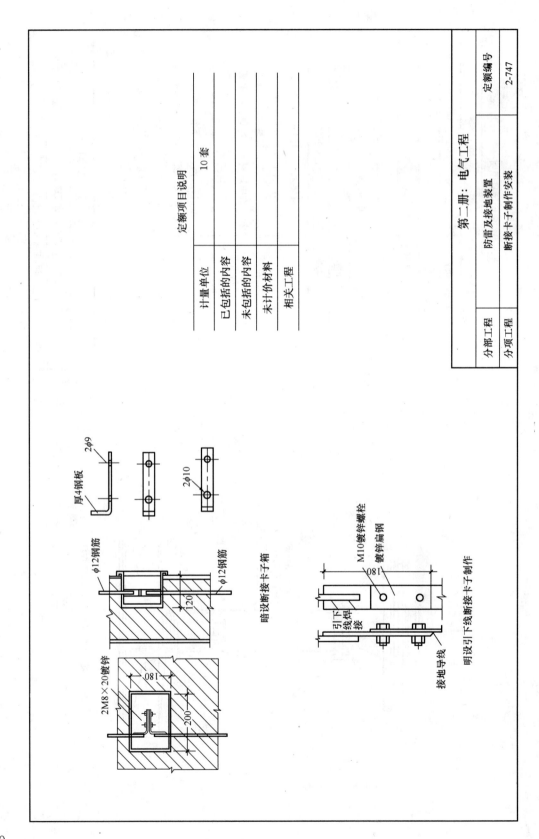

分部工程	防雷及接地装置	定额编号
分项工程	避雷网安装(沿混凝土块敷设)(1)	2-748

第二册：电气工程

	定额项目说明	
计量单位	10m	
已包括的内容	刷漆、扁钢卡子	
未包括的内容	混凝土支座	
未计价材料	避雷带	
相关工程		

	清单项目说明	
计量单位	项	
项目编码	030209002	
项目特征	受害体名称、材质、规格、技术要求；引下线材质、规格、技术要求(引下形式)；接地板、接地母线、均压环材质、规格、技术要求	
工程内容	避雷针(网)、引下线、断接卡子、拉线、接地板(板)、桩)制作安装、油漆、换土化学处理；钢铝窗接地、均压环敷设；柱主筋与圈梁焊接	

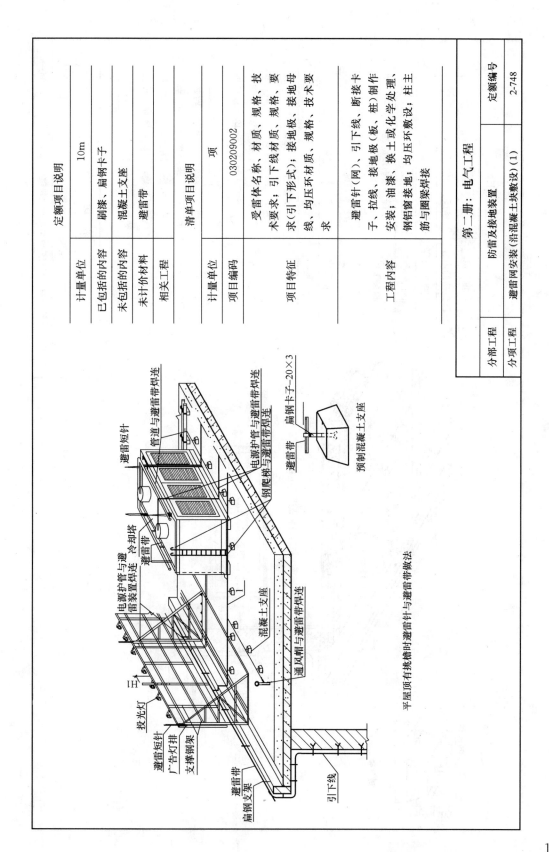

平屋顶有挑檐时避雷针与避雷带做法

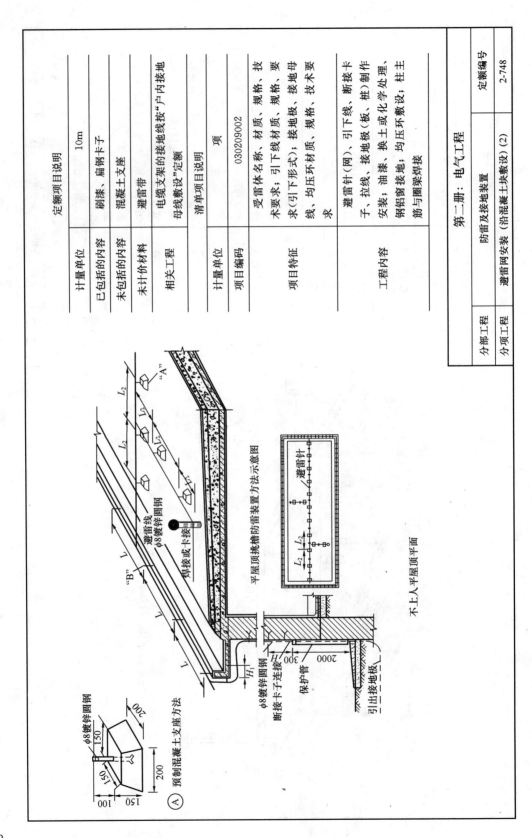

分部工程	防雷及接地装置	定额编号
分项工程	避雷网安装(沿折板支架敷设)	2-749

第二册：电气工程

定额项目说明

计量单位	10m
已包括的内容	刷漆、扁钢卡子
未包括的内容	混凝土支座
未计价材料	避雷带
相关工程	

清单项目说明

计量单位	项
项目编码	030209002
项目特征	受雷体名称、材质、规格、技术要求；引下线材质、规格、技术要求(引下形式)；接地极、接地母线、均压环材质、规格、技术要求
工程内容	避雷针(网)、引下线、断接卡子、拉线、油漆、换土或化学处理、钢铝窗接地、均压环敷设、柱主筋与圈梁焊接

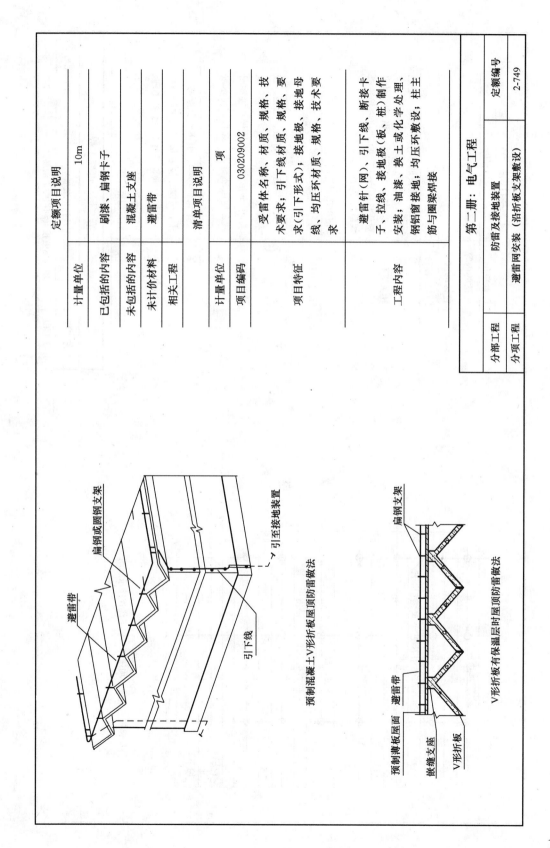

预制混凝土V形折板屋顶防雷做法

V形折板有保温层时屋顶防雷做法

分部工程	防雷及接地装置	定额编号	
分项工程	均压环敷设（利用圈梁钢筋）	2-751	

	清单项目说明		定额项目说明
项目编码	030209002	计量单位	10m
项目特征	受雷体名称、材质、规格、技术要求；引下线形式；接地极材质、规格、接地母线、均压环材质、规格、技术要求	已包括的内容	刷漆
		未包括的内容	
工程内容	避雷针（网）、引下线、断接卡子、拉线、接地板（板）、桩）制作安装；油漆、换土或化学处理，钢铝窗接地；均压环敷设；柱主筋与圈梁焊接	未计价材料	
		相关工程	1. 焊接按两根主筋考虑，超过两根时，可按比例调整；2. 如果采用独立扁钢或圆钢明敷作均压环时，可按"户内接地母线敷设"定额

高层建筑避雷带、均压环与引下线连接示意图

定额项目说明		
计量单位	10 处	
已包括的内容	刷漆	
未包括的内容		
未计价材料		
相关工程	每处按2根筋与2根圈梁钢筋分别焊接考虑，如果焊接主筋和圈梁钢筋超过2根时，可按比例调整	

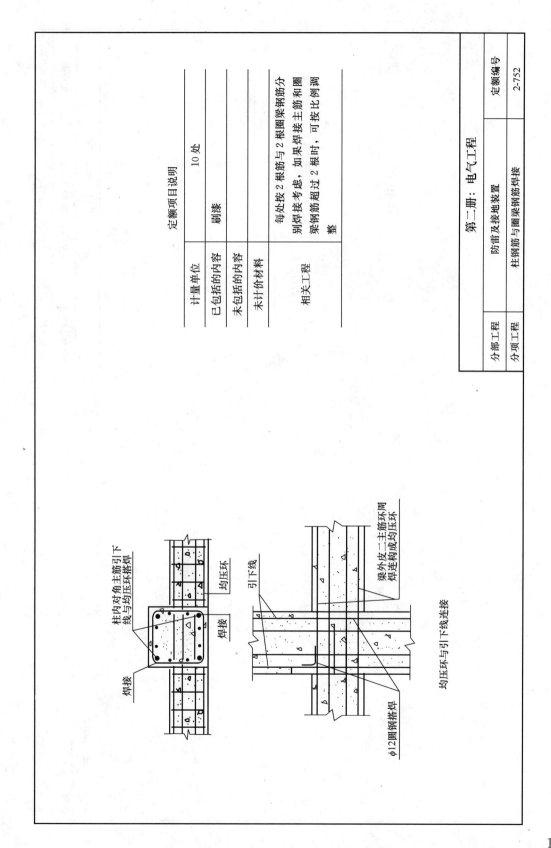

均压环与引下线连接

第二册：电气工程		
分部工程	防雷及接地装置	定额编号
分项工程	柱钢筋与圈梁钢筋焊接	2-752

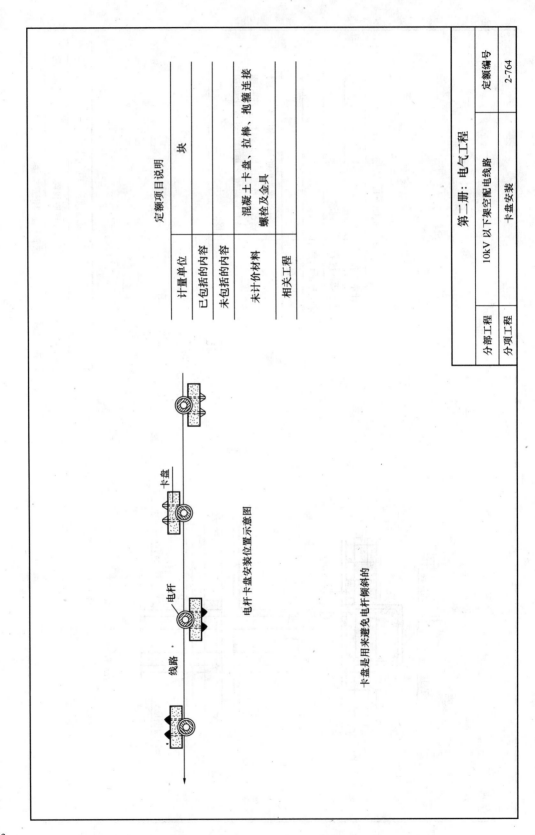

分部工程	10kV以下架空配电线路	定额编号	2-770~2-773
分项工程	混凝土电杆组立		

第二册：电气工程

定额项目说明		
计量单位	根	
已包括的内容	立杆	
未包括的内容	1.底盘、卡盘、拉线盘 2.拉线、横担	
未计价材料	电杆、地横木	
相关工程		

清单项目说明		
计量单位	根	
项目编码	030210001	
项目特征	1.材质、规格、类型 2.地形	
工程内容	工地运输；土石方挖填；底盘、卡盘、拉盘安装；电杆组立；横担安装；拉线制作安装	

钢筋混凝土电杆装置示意图

1—低压五线横担；2—高压二线横担；3—拉线抱箍；4—双横担；5—高压杆顶；6—低压针式绝缘子；7—高压针式绝缘子；8—蝶式绝缘子；9—悬式绝缘子及高压蝶式绝缘子；10—花篮螺丝；11—卡盘；12—底盘；13—拉线盘

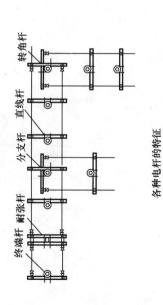

各种电杆的特征

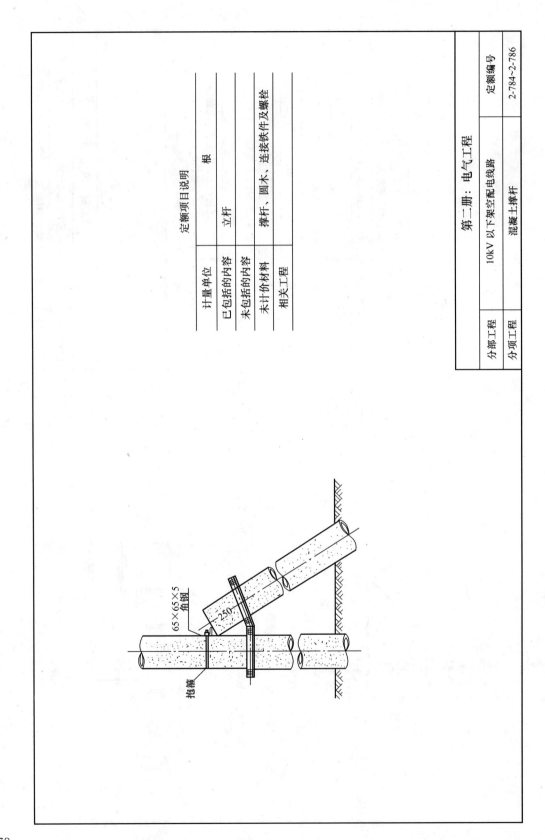

定额项目说明

计量单位	根
已包括的内容	立杆
未包括的内容	撑杆、圆木、连接铁件及螺栓
未计价材料	
相关工程	

分部工程	第二册：电气工程	定额编号
分项工程	10kV以下架空配电线路	2-784~2-786
	混凝土撑杆	

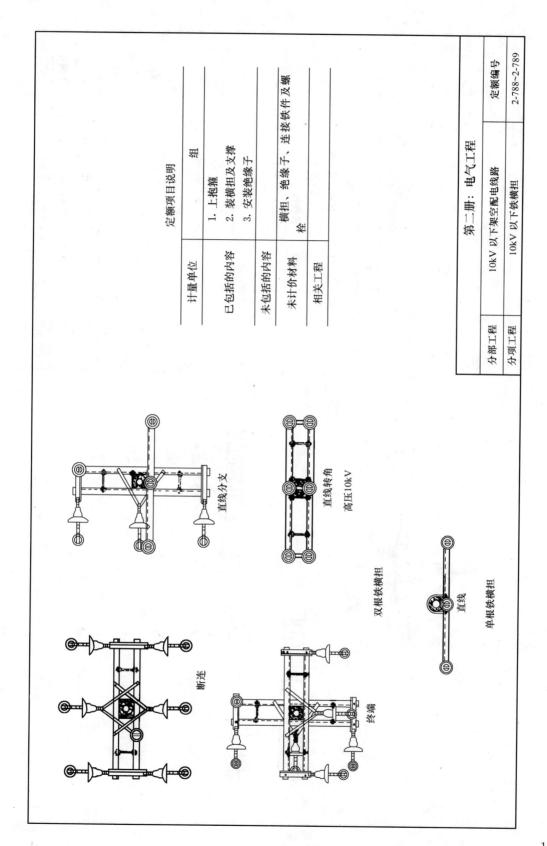

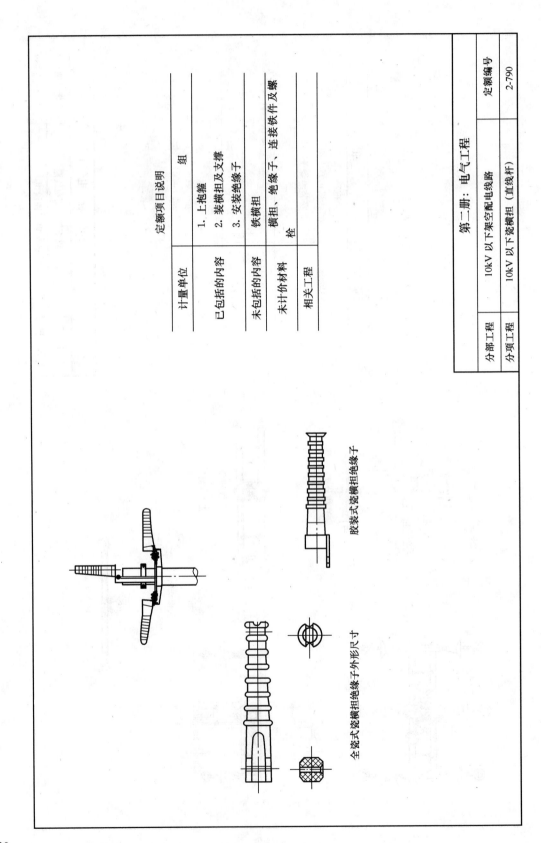

定额项目说明		
计量单位		组
已包括的内容		1. 上抱箍 2. 装横担及支撑 3. 安装绝缘子
未包括的内容	铁横担	
未计价材料	横担、绝缘子、连接铁件及螺栓	
相关工程		

分部工程	第二册：电气工程	定额编号
分项工程	10kV 以下架空配电线路	2-791
	10kV 以下瓷横担（承力杆）	

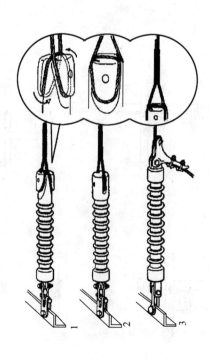

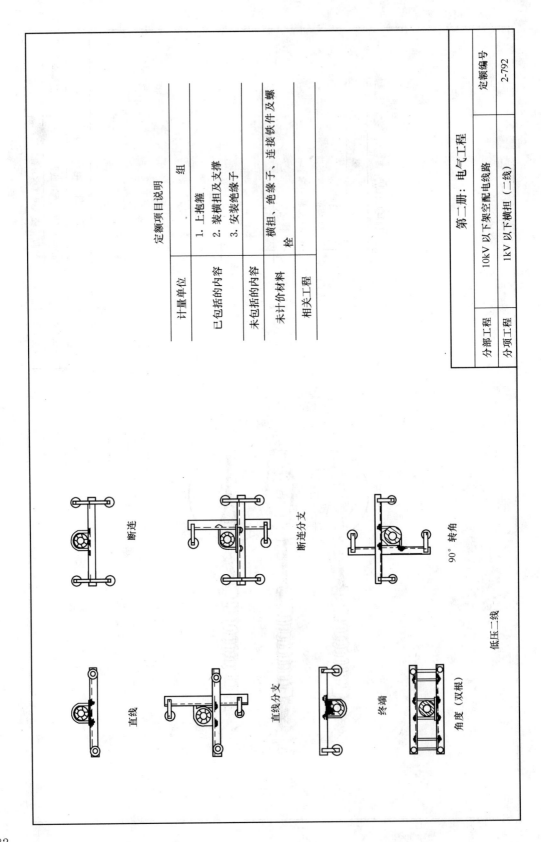

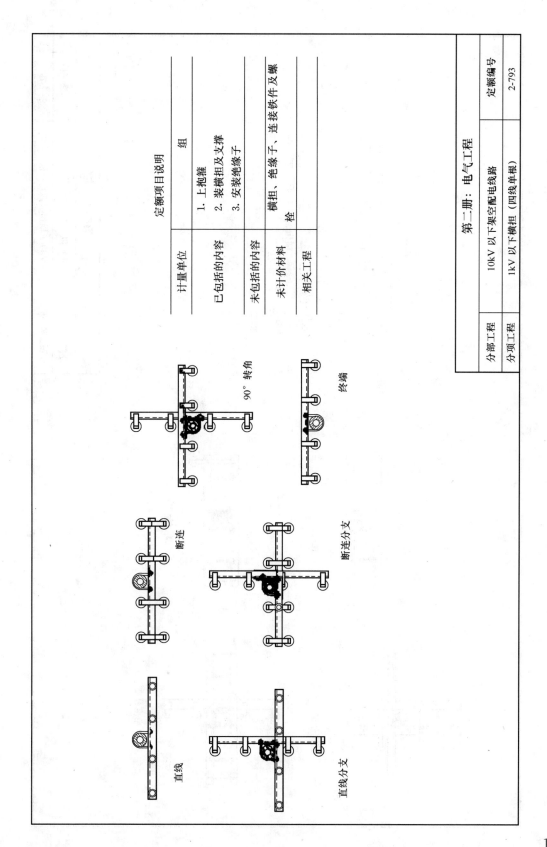

定额项目说明		
计量单位		组
已包括的内容		1. 上抱箍 2. 装横担及支撑 3. 安装绝缘子
未包括的内容		
未计价材料		横担、绝缘子、连接铁件及螺栓
相关工程		

第二册：电气工程		定额编号
分部工程	10kV 以下架空配电线路	2-793
分项工程	1kV 以下横担（四线单根）	

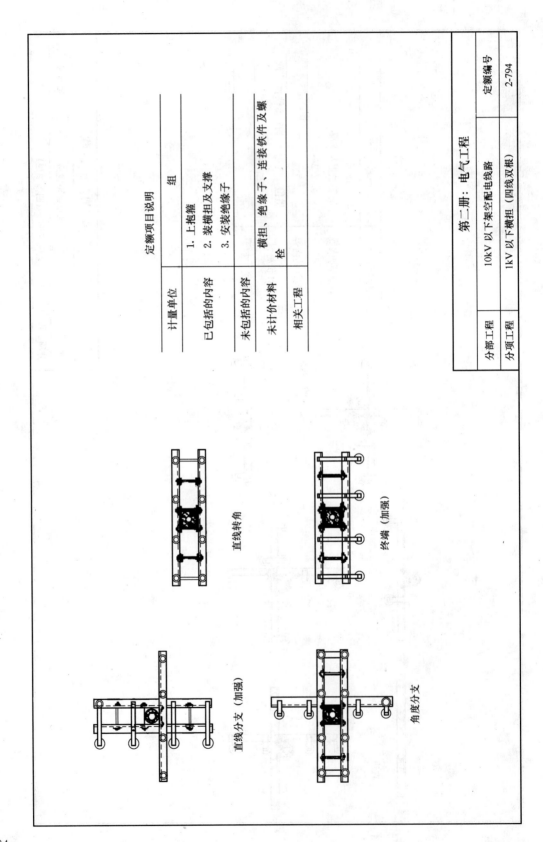

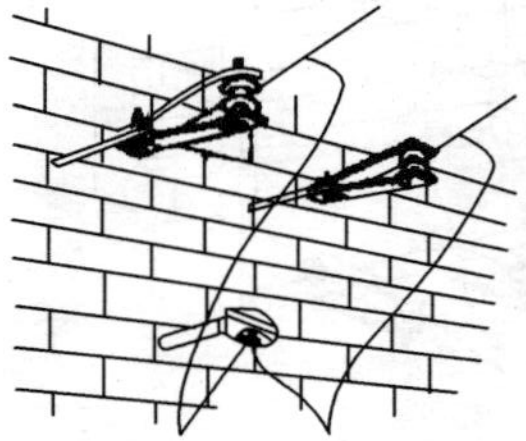

定额项目说明

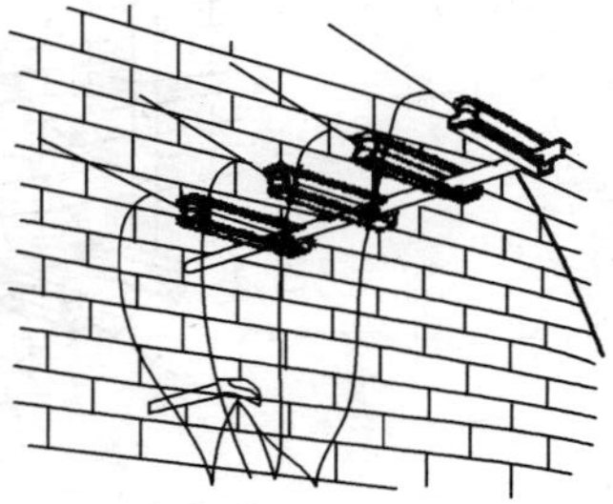

计量单位	组
已包括的内容	1. 装横担 2. 装横绝缘子及防水弯头
未包括的内容	
未计价材料	横担、绝缘子、防水弯头、支撑铁件及螺栓
相关工程	

二线

四线

分部工程	第二册：电气工程	定额编号
分项工程	10kV以下架空配电线路	2-798~2-800
	进户线横担（一端埋设式）	

定额项目说明		
计量单位		组
已包括的内容		1. 装横担 2. 安装绝缘子及防水弯头
未包括的内容		
未计价材料		横担、绝缘子、防水弯头、支撑铁件及螺栓
相关工程		

分部工程	第二册：电气工程	定额编号
分项工程	10kV以下架空配电线路	2-801~2-803
	进户线横担（二端埋设式）	

四线

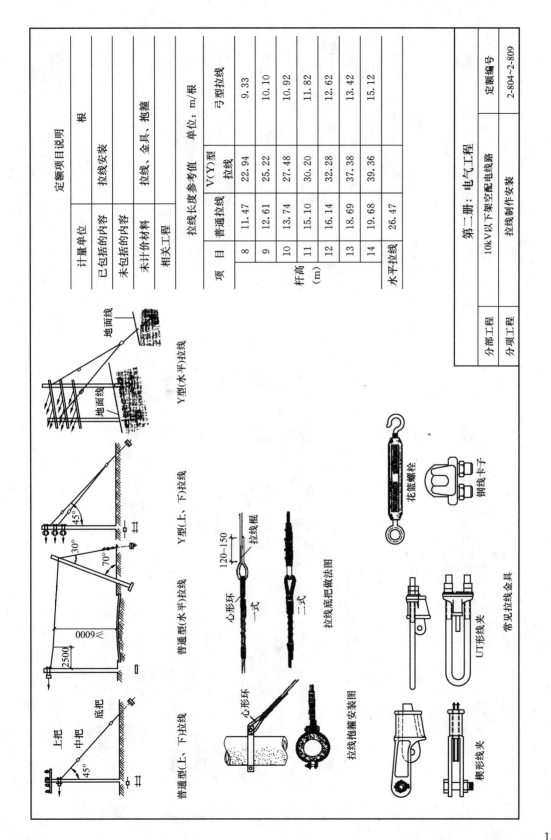

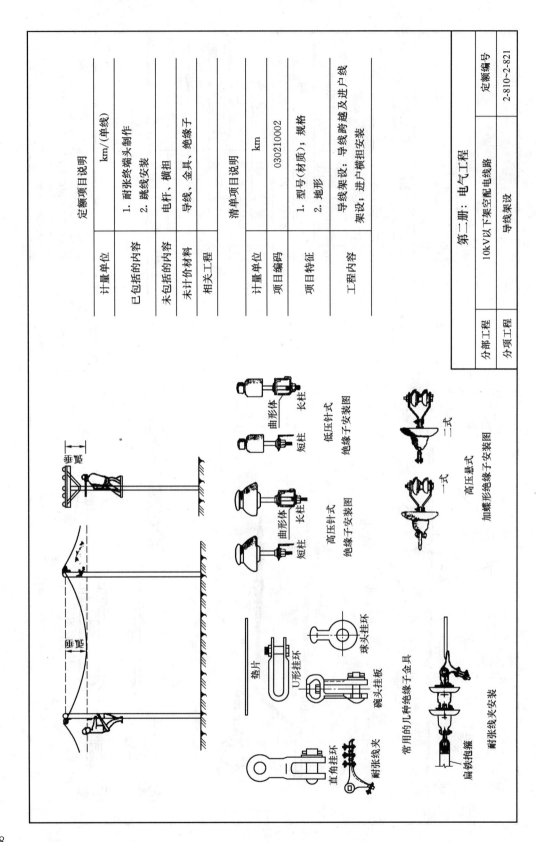

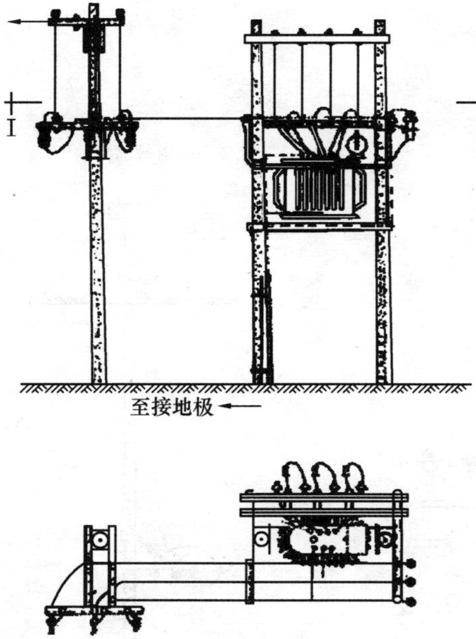

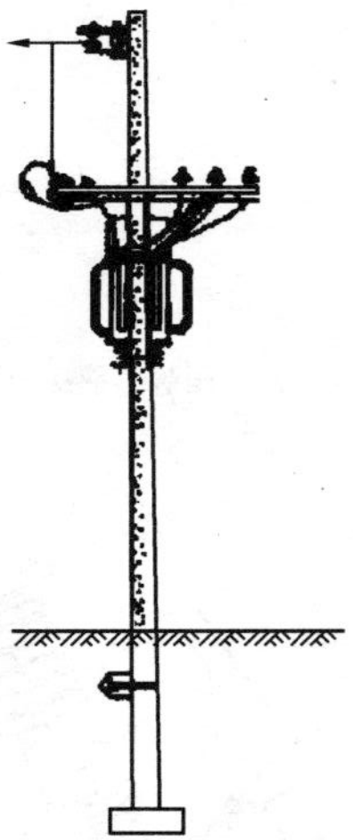

分部工程	10kV以下架空配电线路	定额编号	2-829~2-832
分项工程	杆上变压器安装		

第二册：电气工程

	定额项目说明	
计量单位	台	
已包括的内容	1. 支架、横担、撑铁 2. 油开关注油 3. 配线、接线、接地	
未包括的内容	变压器调试、抽芯、干燥、接地装置、检修平台、防护栏杆	
未计价材料	台架铁杆、连引线、金具、绝缘子、接线端子	
相关工程		

	清单项目说明	
计量单位	台	
项目编码	030201001(2)	
项目特征	名称；型号；容量(kV·A)	
工程内容	本体安装；基础型钢制作、安装；油过滤；干燥；网门及铁构件制作、安装；刷(喷)油漆	

变压器杆侧面

至接地极

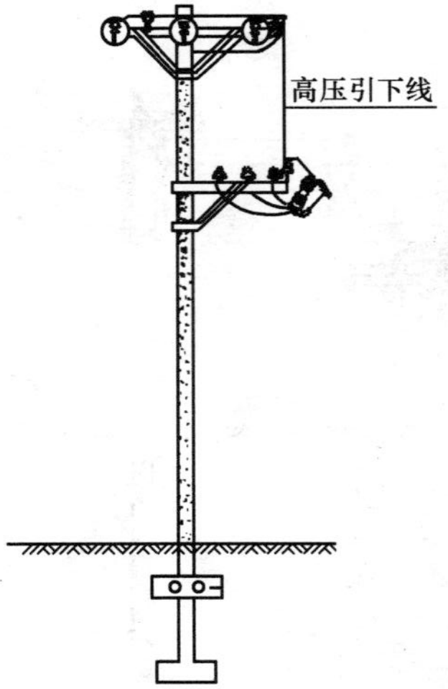

定额项目说明		
计量单位	台	
已包括的内容	1. 配线、接线、接地 2. 瓷瓶安装	
未包括的内容		
未计价材料	熔断器、台架铁件、连引线、金具、绝缘子、接线端子	
相关工程		

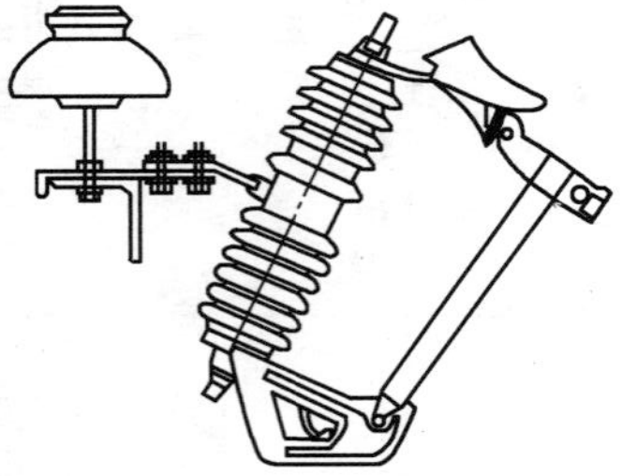

清单项目说明		
计量单位	组	
项目编码	030202009	
项目特征	名称;型号;规格	
工程内容	安装	

跌落式熔断器安装图

熔断器杆侧面

高压引下线

分部工程	第二册:电气工程	定额编号
分项工程	10kV以下架空配电线路	2-833
	杆上跌落式熔断器安装	

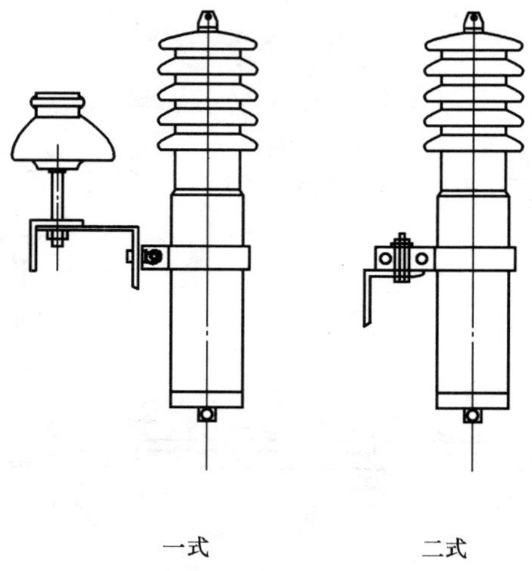

第二册：电气工程		定额编号
分部工程	10kV以下架空配电线路	2-834
分项工程	杆上避雷器安装	

定额项目说明	
计量单位	组
已包括的内容	配线、接线、接地
未包括的内容	瓷瓶安装
未计价材料	避雷器、台架铁件、连引线、金具、绝缘子、接线端子
相关工程	

清单项目说明	
计量单位	组
项目编码	030202010
项目特征	名称；型号；规格
工程内容	安装

一式

二式

定额项目说明		
计量单位	100m	
已包括的内容	1. 接地 2. 刷漆	
未包括的内容	钢索架设	
未计价材料	电线管、塑料护口	

清单项目说明		
计量单位	m	
项目编码	030202001	
项目特征	1. 名称； 2. 材质；规格 3. 配置形式及部位	
工程内容	刨沟槽；钢索架架设（拉紧装置安装）；支架制作安装（箱）；电线管路敷设；接线盒、灯头盒安装；开关盒、插座盒安装；防腐油漆；接地	

钢索吊管安装示意图

第二册：电气工程		定额编号
分部工程	配管、配线	2-993~2-996
分项工程	沿钢索配管	

定额编号	2-1070~2-1081
定额项目说明	
计量单位	100m
已包括的内容	接地、刨沟、套管护口和接头
未包括的内容	
未计价材料	可挠金属套管
相关工程	
清单项目说明	
计量单位	m
项目编码	030212001
项目特征	1. 名称； 2. 材质；规格； 3. 配置形式及部位
工程内容	刨沟槽；钢索架设（拉紧装置安装）；支架制作安装；电线管路敷设；接线盒（箱）、灯头盒、开关盒、插座盒安装；防腐油漆；接地

分部工程	第二册：电气工程	配管、配线
分项工程		可挠金属套管敷设

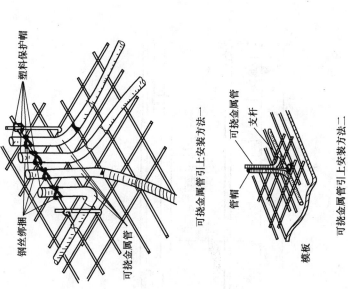

可挠金属管引上安装方法一

可挠金属管引上安装方法二

分部工程	分项工程	第二册：电气工程	定额编号
		配管、配线	
		可挠金属套管敷设（吊顶内）	2-1082-2-1087

定额项目说明

计量单位	100m
已包括的内容	接地
未包括的内容	
未计价材料	可挠金属套管
相关工程	

清单项目说明

计量单位	m
项目编码	030212001
项目特征	1. 名称； 2. 材质、规格； 3. 配置形式及部位
工程内容	刨沟槽；支架架设（拉紧装置安装；钢索架设）；支架制作安装；电线管路敷设；接线盒（箱）、灯头盒、开关盒、插座盒安装；防腐油漆；接地

194

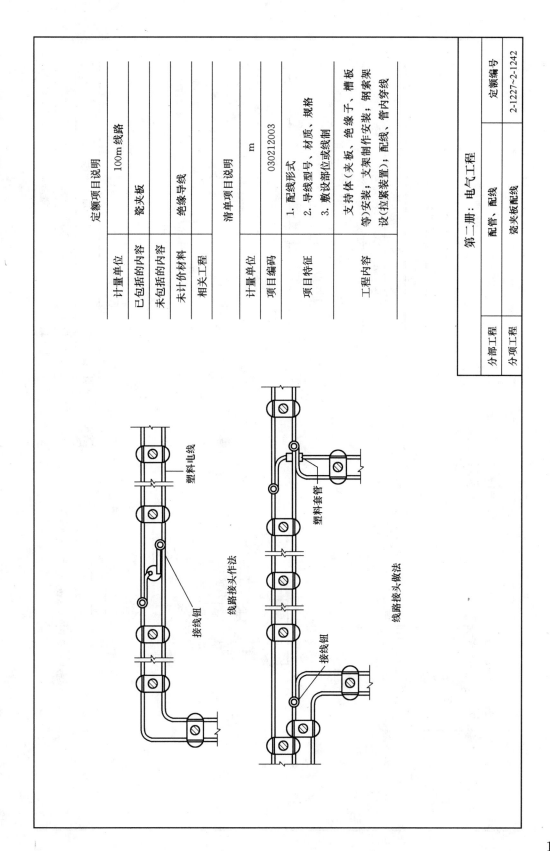

分部工程	第二册：电气工程	定额编号
分项工程	配管、配线	2-1227~2-1242
	瓷夹板配线	

定额项目说明

计量单位	100m线路
已包括的内容	瓷夹板
未包括的内容	
未计价材料	绝缘导线
相关工程	

清单项目说明

计量单位	m
项目编码	030212003
项目特征	1. 配线形式 2. 导线型号、材质、规格 3. 敷设部位或线制
工程内容	支持体（夹板、绝缘子、槽板等）安装；支架制作安装；钢索架设（拉紧装置）；配线；管内穿线

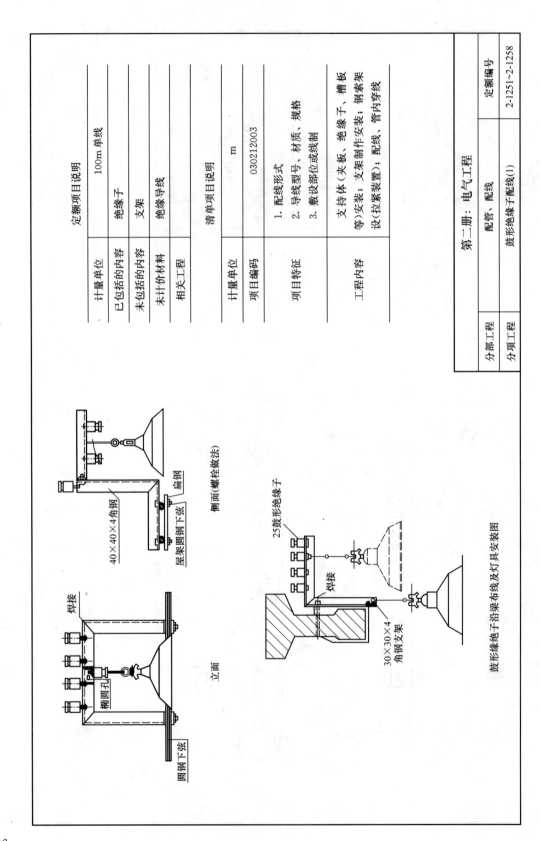

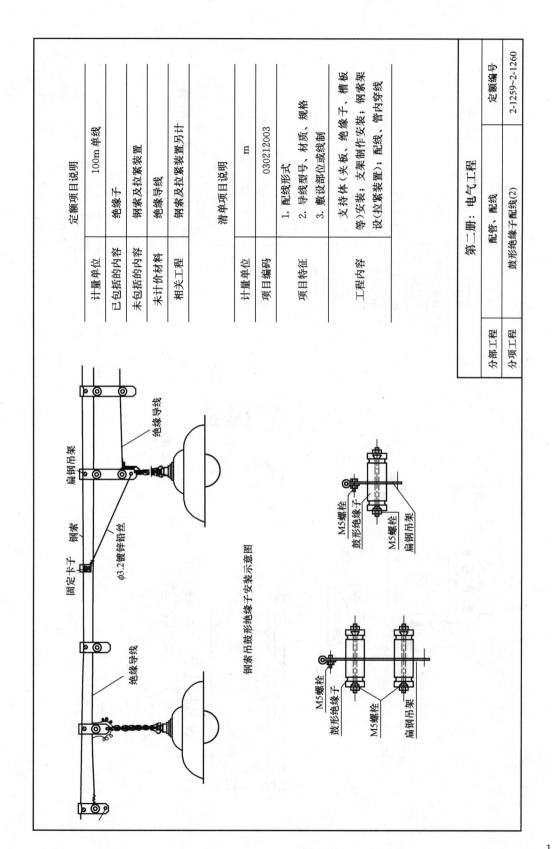

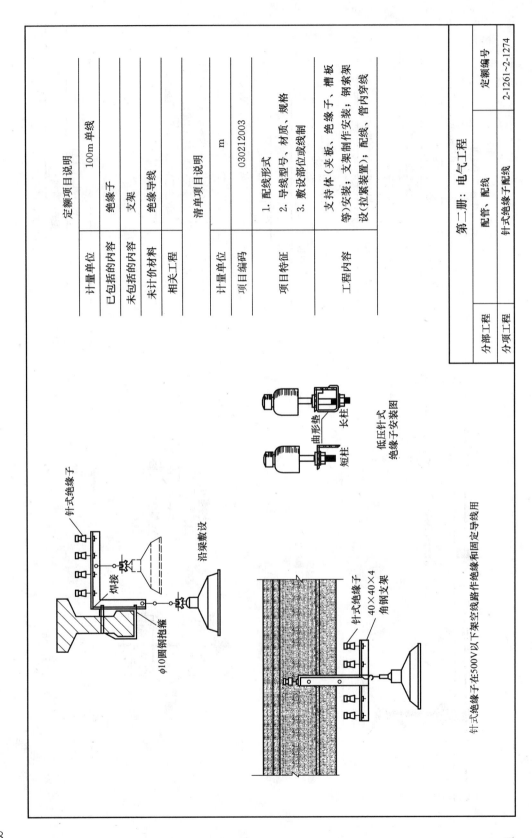

定额项目说明	
计量单位	100m(单线)
已包括的内容	绝缘子
未包括的内容	支架
未计价材料	绝缘导线
相关工程	

清单项目说明	
计量单位	m
项目编码	030212003
项目特征	1. 配线形式 2. 导线型号、材质、规格 3. 敷设部位或线制
工程内容	支持体(夹板、绝缘子、槽板等)安装;支架制作安装;钢索架设(拉紧装置);配线;管内穿线

蝶形绝缘子用于500kV以下架空线路的终端、耐张端、转角处,用作绝缘和固定导线。

分部工程	第二册:电气工程	配管、配线	定额编号
分项工程		蝶式绝缘子配线	2-1275-2-1288

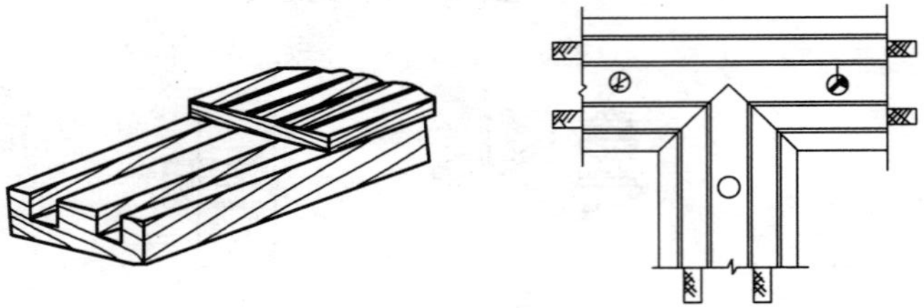

分部工程	第二册：电气工程	定额编号	2-1289~2-1304
分项工程	配管、配线		
	木槽板配线		

定额项目说明

计量单位	100m
已包括的内容	槽板安装、木接线盒
未包括的内容	
未计价材料	绝缘导线；木槽板
相关工程	

清单项目说明

计量单位	m
项目编码	030212003
项目特征	1. 配线形式 2. 导线型号、材质、规格 3. 敷设部位或线制
工程内容	支持体（夹板、绝缘子、槽板等）安装；支架制作安装；钢索架设（拉紧装置）；配线；管内穿线

木槽板明配线示意

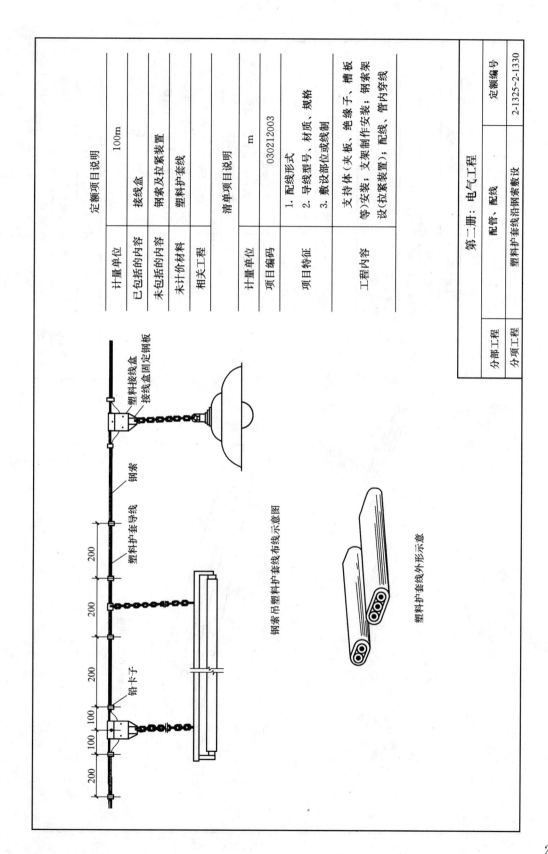

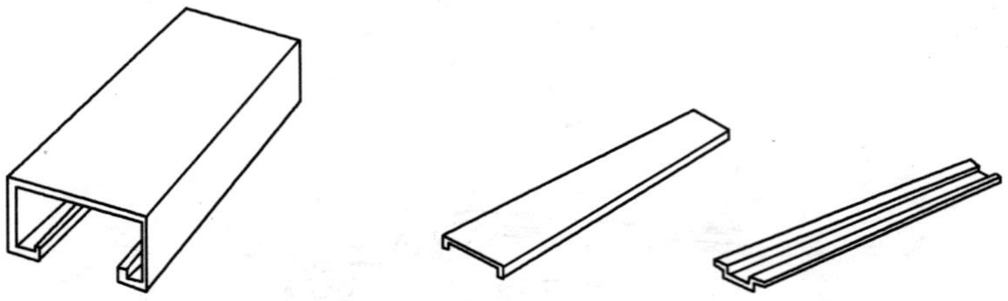

分部工程	第二册：电气工程		定额编号
分项工程	配管、配线		
	线槽配线		2-1337~2-1344

定额项目说明

计量单位	100m（单线）
已包括的内容	线槽敷设
未包括的内容	绝缘导线
未计价材料	
相关工程	

清单项目说明

计量单位	m
项目编码	030212003
项目特征	1. 配线形式 2. 导线型号、材质、规格 3. 敷设部位或线制
工程内容	支持体（夹板、绝缘子、槽板等）安装；支架制作安装、钢索架设（拉紧装置）；配线；管内穿线

上槽盖

下槽盖

金属线槽结构示意

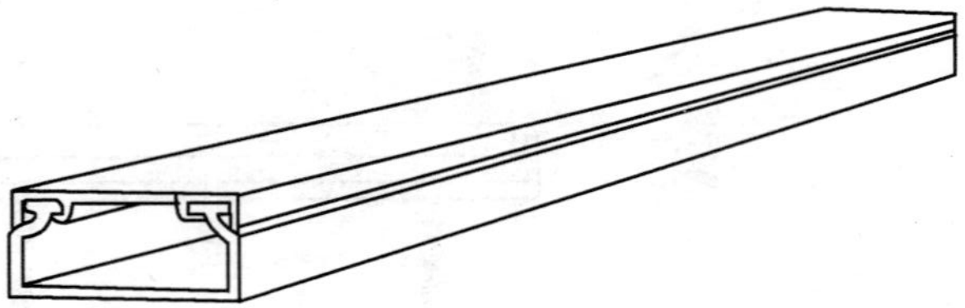

照明配线用塑料线槽示意

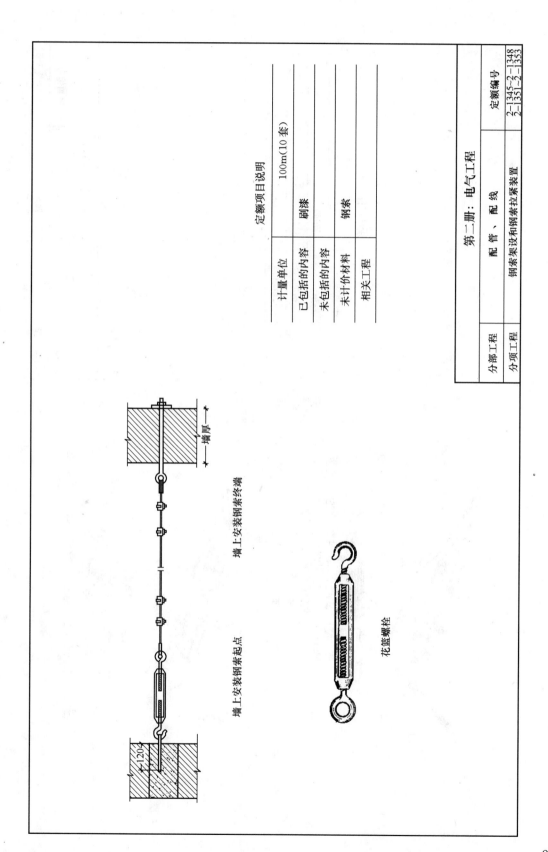

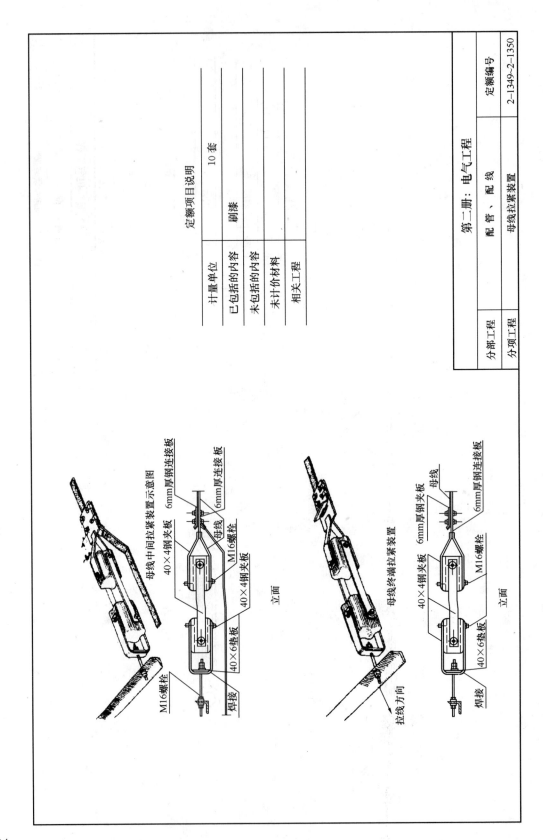

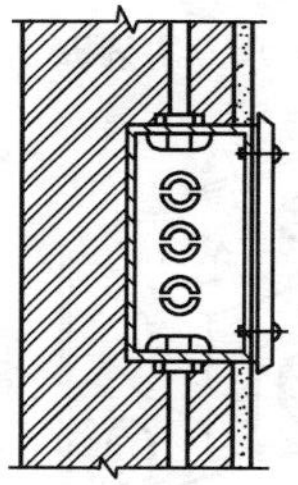

定额项目说明

计量单位	10 个
已包括的内容	刷漆
未包括的内容	
未计价材料	接线箱
相关工程	

分部工程	第二册：电气工程	配管、配线	定额编号
分项工程		接线箱安装	2-1373~2-1376

用做中间接线箱示意图　用做配电装置接线箱示意图

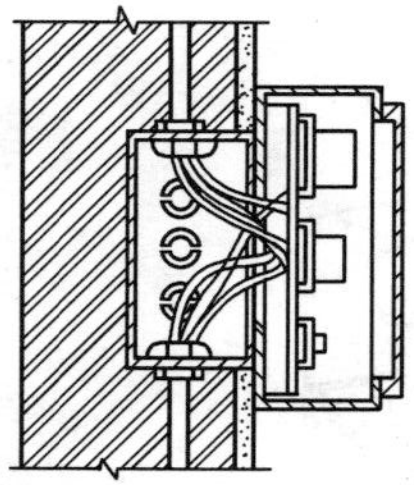

接线箱暗装

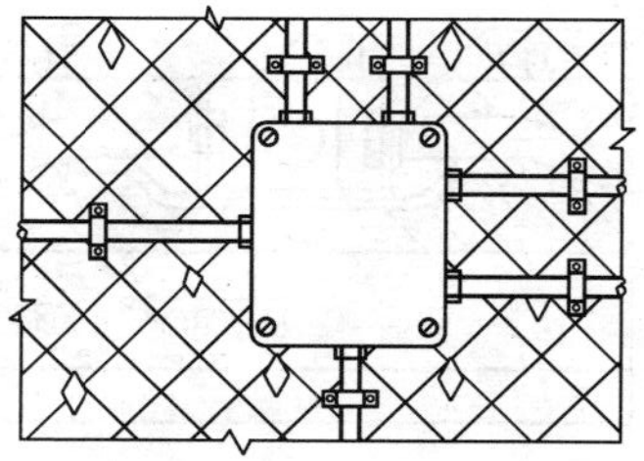

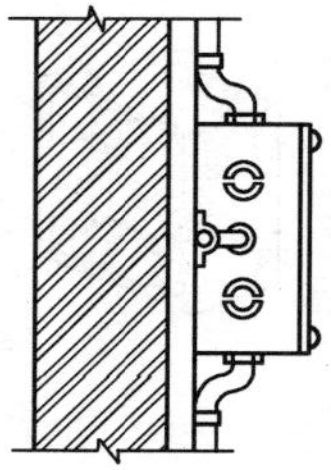

接线箱明装

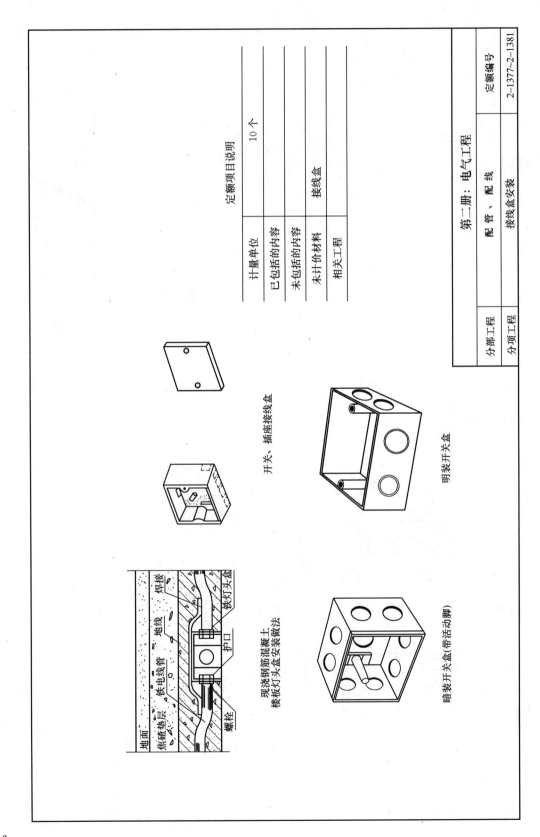

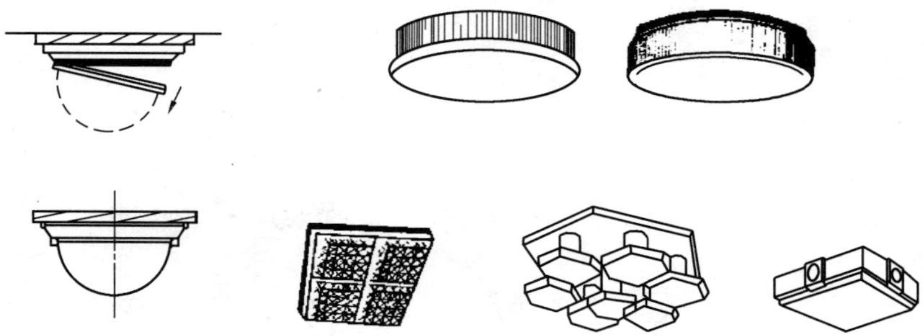

分部工程	照明器具	定额编号	2-1382~2-1388
分项工程	普通吸顶灯安装		

第二册：电气工程

定额项目说明

计量单位	10套
已包括的内容	打眼、接线
未包括的内容	接线底盒
未计价材料	成套灯具
相关工程	

清单项目说明

计量单位	套
项目编码	030213001
项目特征	名称；型号；规格
工程内容	1. 支架制作安装 2. 组装；油漆

吸顶式

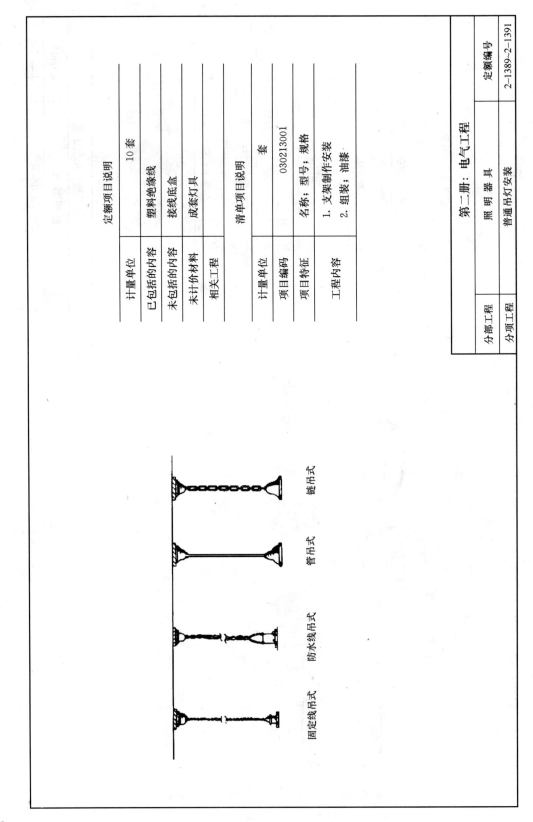

分部工程	第二册：电气工程	定额编号
分项工程	照明器具	2-1389~2-1391
	普通吊灯安装	

定额项目说明

计量单位	10套
已包括的内容	塑料绝缘线
未包括的内容	接线底盒
未计价材料	成套灯具
相关工程	

清单项目说明

计量单位	套
项目编码	030213001
项目特征	名称；型号；规格
工程内容	1. 支架制作安装 2. 组装；油漆

固定线吊式　　防水线吊式　　管吊式　　链吊式

定额项目说明	
计量单位	10套
已包括的内容	打眼、支架安装
未包括的内容	接线底盒
未计价材料	成套灯具
相关工程	

清单项目说明	
计量单位	套
项目编码	030213001
项目特征	名称；型号；规格
工程内容	1. 支架制作安装 2. 组装；油漆

分部工程	第二册：电气工程	定额编号
	照明器具	2-1392
分项工程	一般弯脖灯安装	

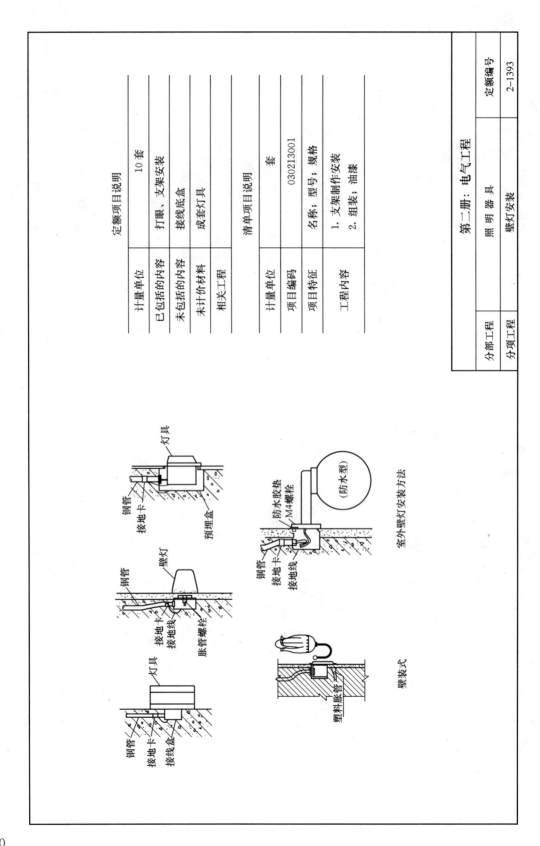

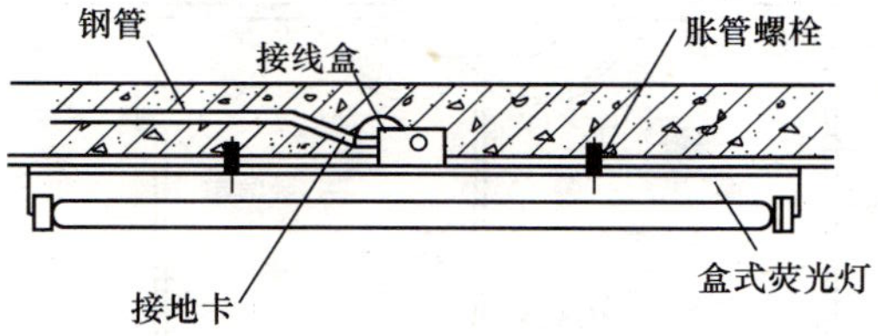

计量单位	10套		
已包括的内容	绞型软线		
未包括的内容	接线盒		
未计价材料	成套灯具		
相关工程			

定额项目说明

计量单位	套
项目编码	030213001
项目特征	名称；型号；规格
工程内容	1. 支架制作安装 2. 组装；油漆

清单项目说明

分部工程	第二册：电气工程	定额编号
分项工程	照明器具	2-1585～2-1587
	荧光灯具安装吸顶式	

荧光灯顶装方法

211

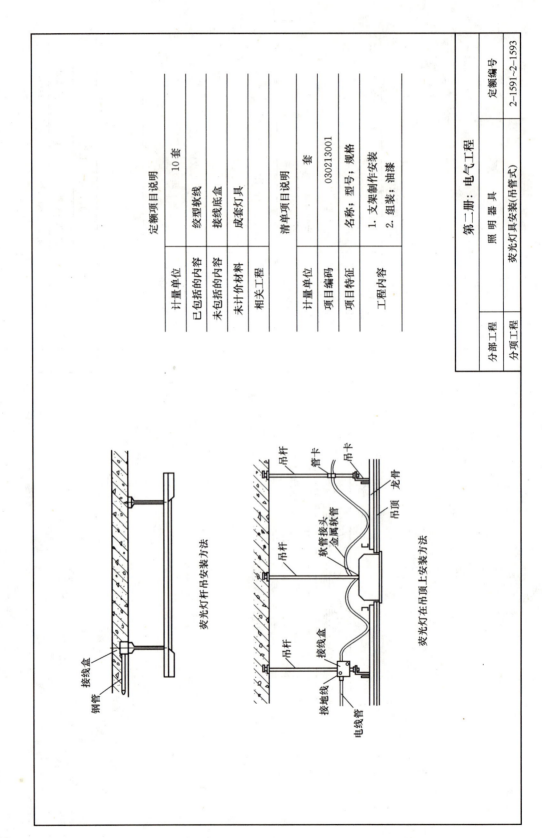

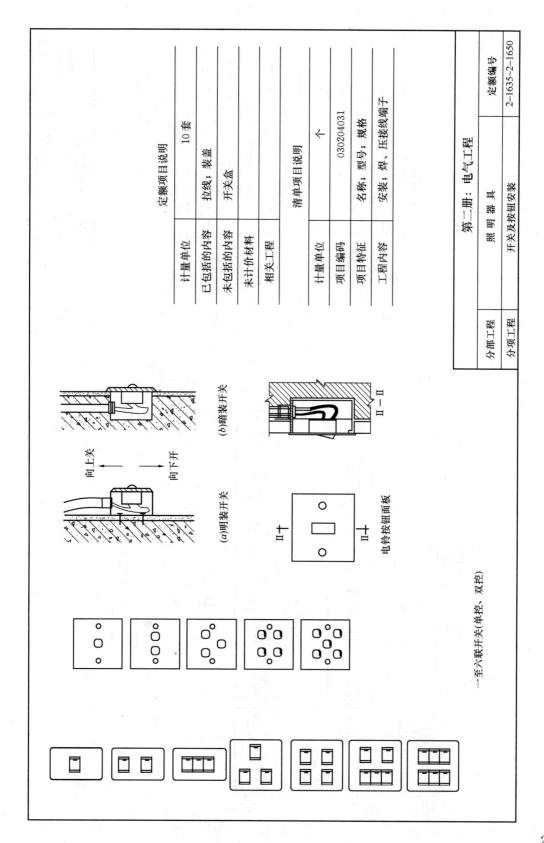

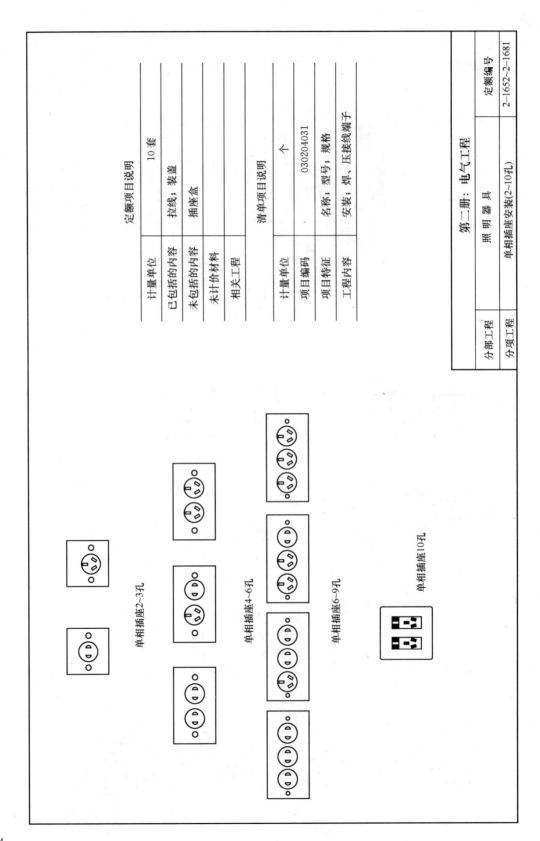

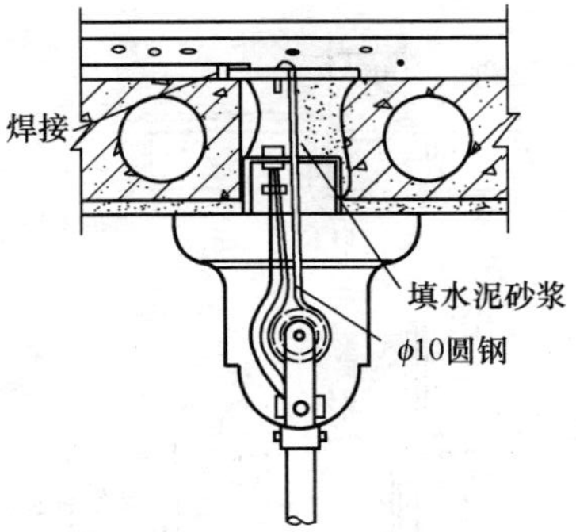

分部工程	照明器具	定额编号
分项工程	吊扇安装	2-1702

第二册：电气工程

定额项目说明
计量单位	10套
已包括的内容	接线
未包括的内容	安装
未计价材料	安装调速开关
相关工程	接线盒
	风扇、调速开关

清单项目说明
计量单位	台
项目编码	030204031
项目特征	名称；型号；规格
工程内容	安装；焊、压接线端子

预制楼板吊扇安装示意图
（焊接筋、填水泥砂浆、φ10圆钢）

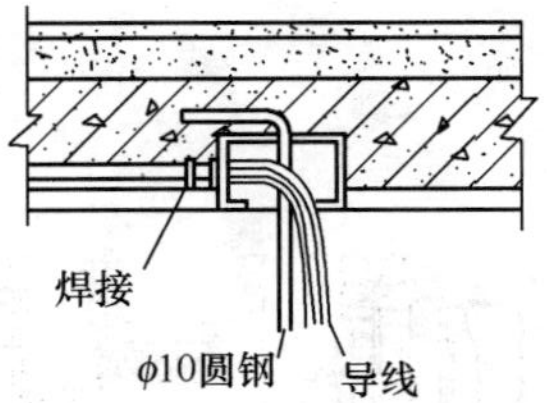

现浇楼板吊扇安装示意图
（焊接、导线、φ10圆钢）

分部工程	第二册：电气工程	定额编号
分项工程	照 明 器 具	2-1704
	排风扇安装	

	定额项目说明	
计量单位	10套	
已包括的内容	插座	
未包括的内容	风扇	
未计价材料		
相关工程		

	清单项目说明	
计量单位	个	
项目编码	030204031	
项目特征	名称；型号；规格	
工程内容	安装；焊、压接线端子	

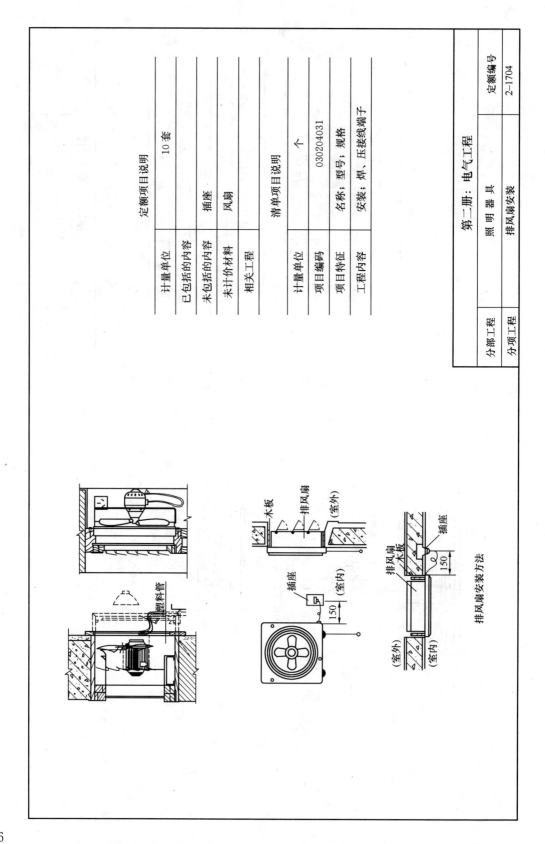

排风扇安装方法

分部工程	第二册：电气工程	定额编号
分项工程	照明器具	2-1708
	钥匙取电器安装	

定额项目说明		
计量单位	10套	
已包括的内容	接线 装盖	
未包括的内容	插座盒	
未计价材料	钥匙取电器	
相关工程		

清单项目说明		
计量单位	套	
项目编码	030204031	
项目特征	名称；型号；规格	
工程内容	安装；焊、压接线端子	

双极带指示灯节能开关(连开关锁匙牌)(15A)

节能开关锁匙牌

参 考 文 献

[1] 全国建设工程造价人员培训系列教材 安装工程计价应用与案例. 北京：中国建筑工业出版社，2004.
[2] 丁云飞等编著. 安装工程预算与工程量清单计价. 北京：化学工业出版社，2005.
[3] 汤万龙，刘玲编. 建筑设备安装识图与施工工艺. 北京：中国建筑工业出版社，2005.
[4] 熊德敏主编. 安装工程定额与预算. 北京：高等教育出版社，2006.
[5] GB 50500—2008 建设工程工程量清单计价规范. 北京：中国计划出版社，2008.
[6] 周承绪主编. 怎样阅读电气工程图(第2版). 北京：中国建筑工业出版社，1989.
[7] 原电力工业部，黑龙江省建设委员会主编. 全国统一安装工程预算定额第二册电气设备安装工程. 北京：中国计划出版社，2000.
[8] 万恒祥主编. 电工与电气设备. 北京：中国建筑工业出版社，1993.
[9] 全国统一安装工程预算定额解释.
[10] 四川省定额管理站编. SGD 5—2000 全国统一安装工程预算定额四川省估价表.
[11] 王和平主编. 安装工程预算常用定额项目对照图示. 北京：中国建筑工业出版社，2004.